Bhavya Devanooru Krishnamurthy

Propriedades fitoquímicas e farmacológicas das plantas medicinais indianas

Bhavya Devanooru Krishnamurthy

Propriedades fitoquímicas e farmacológicas das plantas medicinais indianas

ScienciaScripts

Imprint

Cover image: www.ingimage.com

This book is a translation from the original published under ISBN 978-620-7-80503-7.

Publisher:
Sciencia Scripts
is a trademark of
Dodo Books Indian Ocean Ltd. and OmniScriptum S.R.L publishing group

120 High Road, East Finchley, London, N2 9ED, United Kingdom
Str. Armeneasca 28/1, office 1, Chisinau MD-2012, Republic of Moldova, Europe
Printed at: see last page
ISBN: 978-620-7-77685-6

Análise das propriedades antimicrobianas e anticancerígenas de *Ophiorrhiza rugosa e Ruta graveolens*

1.0 INTRODUÇÃO

1.1. Introdução ao cancro

O cancro (termo médico: neoplasia maligna) é uma classe de doenças em que um grupo de células apresenta *um crescimento descontrolado* através da divisão para além dos limites normais, *invasão* que invade e destrói os tecidos adjacentes e, por vezes, *metástases*, em que as células cancerígenas se espalham para outros locais do corpo através da linfa ou do sangue. Estas três propriedades malignas dos cancros diferenciam-nos dos tumores benignos, que são auto-limitados e não invadem nem metastizam.

Os cancros são essencialmente uma doença ambiental, sendo 90-95% dos casos devidos a factores ambientais, como o estilo de vida, e 5-10% diretamente devidos à hereditariedade. Os factores ambientais mais comuns que levam ao cancro incluem: tabaco (25-30%), dieta e obesidade (30-35%), infecções (15-20%), radiação, stress, falta de atividade física e poluentes ambientais. Estes factores ambientais provocam ou reforçam anomalias no material genético das células. A reprodução celular é um processo extremamente complexo, que é normalmente regulado por várias classes de genes, incluindo *oncogenes* e *genes supressores de tumores*. Anomalias hereditárias ou adquiridas nestes genes reguladores podem levar a um crescimento celular *descontrolado e ao* desenvolvimento de cancro.

A presença de cancro pode ser suspeitada com base em sintomas ou em achados radiológicos. O diagnóstico definitivo de cancro, no entanto, requer o exame microscópico de uma amostra de biópsia. A maioria dos cancros pode ser tratada. Os tratamentos possíveis incluem a quimioterapia, a radioterapia e a cirurgia. O prognóstico é influenciado pelo tipo de cancro e pela extensão da doença. Embora o cancro possa afetar pessoas de todas as idades, o risco aumenta normalmente com a idade. Em 2007, o cancro causou cerca de 13% de todas as mortes humanas em todo o mundo (7,9 milhões) e prevê-se que venha a causar 12 milhões de mortes por ano até 2030.

O cancro é a segunda principal causa de morte a nível mundial, a seguir às doenças cardiovasculares. As terapias convencionais, incluindo a quimioterapia e a radioterapia, provocam efeitos secundários graves e, na melhor das hipóteses, apenas prolongam a vida útil em alguns anos. Há, portanto, uma procura crescente de abordagens alternativas na quimioprevenção do cancro. Sabe-se que os hábitos alimentares e a nutrição desempenham um papel importante na prevenção do cancro. Numerosos estudos epidemiológicos mostraram que uma dieta rica em legumes e frutas está associada a um risco reduzido da maioria dos cancros. Devido à elevada taxa de mortalidade associada ao cancro e aos graves efeitos secundários da quimioterapia e da radioterapia, muitos doentes oncológicos procuram métodos de tratamento alternativos e/ou complementares. Os métodos preventivos importantes para a maioria dos cancros incluem alterações na dieta, cessação do uso de produtos do tabaco, tratamento eficaz de doenças inflamatórias e a toma de suplementos nutricionais que ajudam as funções imunitárias. As investigações recentes giram em torno da urgência de desenvolver uma quimioterapia adequada, coerente com as novas descobertas no domínio da biologia celular, para o tratamento do cancro sem efeitos tóxicos.

A quimioterapia, sendo uma das principais modalidades de tratamento utilizadas para o controlo de estádios avançados de doenças malignas e como profilaxia de possíveis metástases, apresenta uma toxicidade grave nos tecidos normais.

Desde tempos imemoriais que as plantas são utilizadas para tratar várias doenças dos seres humanos e dos animais. Mantêm a saúde e a vitalidade dos indivíduos e também curam doenças, incluindo o cancro, sem causar toxicidade. De acordo com as estimativas da OMS, mais de 80% das pessoas nos países em desenvolvimento dependem da medicina tradicional para as suas necessidades de saúde primárias. Um inquérito recente mostra que mais de 60% dos doentes com cancro utilizam vitaminas ou ervas como terapia.

Na última década, os medicamentos à base de plantas foram aceites universalmente e têm um impacto tanto na saúde mundial como no comércio internacional. Assim, as plantas medicinais continuam a desempenhar um papel importante no sistema de saúde de um grande número da população mundial. A medicina tradicional é amplamente utilizada na Índia. Mesmo nos EUA, a utilização de plantas e de fitomedicamentos aumentou drasticamente nas últimas duas décadas. Foi criado nos EUA um Centro Nacional de Medicina Complementar e Alternativa. Os produtos à base de plantas foram classificados como "suplementos alimentares" e estão incluídos nas vitaminas, minerais, aminoácidos e "outros produtos destinados a complementar a dieta". A utilização de plantas como remédio medicinal é parte integrante da vida cultural sul-africana. Estima-se que 27 milhões de sul-africanos utilizam medicamentos à base de plantas de mais de 1020 espécies vegetais. De facto, existem várias plantas medicinais em todo o mundo, incluindo na Índia, que são utilizadas tradicionalmente para a prevenção e o tratamento do cancro. No entanto, apenas algumas plantas medicinais atraíram o interesse dos cientistas para investigar o remédio para a neoplasia (tumor ou cancro).

As plantas medicinais possuem propriedades imunomoduladoras e anti-oxidantes, que conduzem a actividades anticancerígenas. Sabe-se que têm uma atividade imunomoduladora versátil, estimulando tanto a imunidade não específica como a específica. As plantas contêm vários fitoquímicos, que possuem fortes actividades antioxidantes. Os antioxidantes podem prevenir e curar o cancro e outras doenças, protegendo as células dos danos causados pelos "radicais livres" - os compostos de oxigénio altamente reactivos. Assim, o consumo de uma dieta rica em alimentos vegetais antioxidantes (por exemplo, frutas e legumes) fornecerá um meio de fitoquímicos, substâncias não nutritivas presentes nas plantas que possuem efeitos protectores da saúde. Muitas substâncias presentes naturalmente na dieta humana foram identificadas como potenciais agentes quimiopreventivos; e o consumo de quantidades relativamente grandes de vegetais e frutas pode prevenir o desenvolvimento do cancro. Em comparação com os consumidores de carne, a maioria dos estudos, mas não todos, concluíram que os vegetarianos têm menos probabilidades de serem diagnosticados com cancro. Foi também demonstrado que os vegetarianos têm uma função imunitária mais forte, o que possivelmente explica o facto de estarem parcialmente protegidos contra o cancro.

Até à data, foram isolados e caracterizados quimicamente mais de 300 compostos citotóxicos de plantas superiores conhecidas. De acordo com a sua química, são classificados como terpenóides, esteróides, quininas, alcalóides, amidas e produtos não nitrogenados. Os componentes derivados de plantas desempenharam um papel importante no desenvolvimento de vários agentes anticancerígenos úteis para a clínica, incluindo a vinblastina, a vincristina, os derivados da camptotecina, o topotecano e o irinotecano, o etoposido, derivado da epipodofilotoxina e o paclitxel (taxol). Vários novos agentes promissores estão em desenvolvimento clínico com base na atividade selectiva contra alvos moleculares relacionados com o cancro.

Foi relatado que muitos produtos derivados de plantas exibem uma potente atividade antitumoral contra várias linhas celulares de roedores e de cancro humano. Verificou-se que os fitoquímicos, tais como as vitaminas (A, C, E e K), os carotenóides, os terpenóides, os flavonóides, os polifenóis, os alcalóides, os taninos, as sapogeninas, os pigmentos, as enzimas e os minerais exercem actividades antioxidantes.

1.2. Introdução à planta

Ophiorrhiza rugosa

O. rugosa var. prostrata é um género herbáceo predominantemente raro, distribuído desde o leste da Índia até ao oeste do Pacífico e do sul da China até ao norte da Austrália. Algumas espécies de Ophiorrhiza têm sido utilizadas na medicina popular como antitússico, expetorante, analgésico, dor de estômago, anti-helmíntico e dor de cabeça.

Encontra-se geralmente em florestas semi-perenes e sempre-verdes ao longo das margens de cursos de água perenes de fluxo suave ou em solos húmidos ao longo de fontes de água. É uma erva de sub-bosque e cresce até uma altura de 20-30 cm.

Erva pequena, erecta ou procumbente, frequentemente enraizada perto da base, caule pubescente ou glabro, macio ou lenhoso por baixo. Folhas ovadas elípticas ou elípticas oblongas até 10 × 5 cm, obtusas ou agudas no ápice, geralmente arredondadas na base, glabras ou com alguns pêlos dispersos acima ou na superfície inferior e pubescentes nas nervuras abaixo.

Algumas das utilizações terapêuticas da *Ophiorrhiza rugosa* são: propriedade anti-helmíntica, dor de estômago, dor de cabeça, antitússico e expetorante.

Ruta graveolans

A Ruta Graveolens é uma planta da família das rutáceas, nativa da Europa e do Norte de África. A arruda-comum (*Ruta graveolens*), também conhecida como erva-da-graça, é uma espécie de arruda cultivada como erva. É originária da Península dos Balcãs, no Sudeste da Europa.

É cultivada como planta ornamental em jardins devido às suas folhas azuladas e à sua tolerância a condições de solo quente e seco. Também é cultivada como erva medicinal e como condimento.

Os constituintes incluem óleos voláteis, cumarina, glucósido amarelo, alcalóides e rutina. A rutina, o principal composto ativo, e a sua glicona, isolada pela primeira vez a partir das folhas de *Ruta graveolans,* são bem conhecidas por protegerem contra exposições nucleares e hemorragias capilares. A rutina é normalmente utilizada no tratamento de lesões ósseas, infecções bacterianas, problemas de visão e histeria. Na medicina popular europeia, diz-se que a arruda alivia as dores de gases e as cólicas, melhora o apetite e a digestão e promove o início da menstruação, as contracções uterinas e a prevenção da Peste Negra. Por esta razão, o óleo refinado de arruda foi citado pelo historiador romano Plínio, o Velho, e pelo ginecologista Soranus, como um potente abortivo (indutor do aborto). A arruda contém pilocarpina, que é utilizada em cavalos para induzir o aborto.

Os medicamentos são uma causa importante de lesão hepática. A lesão hepática induzida por medicamentos é um problema de saúde importante que desafia não só os profissionais de saúde, mas também a indústria farmacêutica e as agências reguladoras dos medicamentos. A taxa de hepatotoxicidade é muito mais elevada nos países em desenvolvimento, como a Índia, do que nos países avançados com um esquema de dosagem semelhante. A utilização de plantas medicinais para o tratamento de doenças humanas tem sido feita há milénios. Hoje em dia, sabe-se que 80% da população mundial já tomou plantas medicinais e 30% são prescritas por médicos. As propriedades curativas dos medicamentos devem-se à presença de substâncias químicas complexas de composição variada numa ou mais partes destas plantas. Estes metabolitos vegetais, de acordo com a sua composição, são agrupados como alcalóides, glicosídeos, corticosteróides, etc.

1.3 Introdução à atividade antimicrobiana

A descoberta, o desenvolvimento e a utilização clínica de antibióticos durante o século XIX diminuíram substancialmente os riscos para a saúde pública resultantes de infecções bacterianas. No entanto, paralelamente, tem-se registado um aumento alarmante da resistência bacteriana aos agentes quimioterapêuticos existentes, em resultado da sua utilização imprudente. Em muitos países, como a Índia e a China, milhares de comunidades tribais ainda utilizam plantas medicinais do folclore para curar doenças. O interesse pela utilização e importância de muitas plantas medicinais indianas por parte da OMS em muitos países em desenvolvimento permitiu intensificar os esforços de documentação de dados etno-médicos sobre plantas medicinais. Foram comunicados vários estudos sobre o rastreio antimicrobiano de extractos de plantas medicinais.

Tem sido manifestada preocupação com o aumento da prevalência de microrganismos patogénicos resistentes aos antibióticos mais recentes ou modernos que foram produzidos nas últimas três décadas. Além disso, nunca é demais sublinhar o problema colocado pelo custo elevado, a adulteração e os efeitos secundários tóxicos crescentes destes medicamentos sintéticos, juntamente com a sua inadequação no tratamento de doenças, sobretudo nos países em desenvolvimento. Coincidentemente, na última década, assistiu-se também a um aumento dos estudos intensivos sobre extractos de plantas e compostos biologicamente activos isolados de espécies vegetais utilizados em terapias naturais ou na medicina herbal. A terapia antibacteriana tradicional está a atravessar uma crise devido ao rápido desenvolvimento de resistência aos agentes existentes. Esta resistência tem um impacto em todos os domínios da quimioterapia. O primeiro agente patogénico, *Staphylococcus aureus*, que se tornou resistente a todos os antibióticos conhecidos, já representa uma ameaça há vários anos. Tornou-se assim evidente que os novos agentes antimicrobianos continuarão a selecionar estirpes resistentes do conjunto de bactérias que sofrem continuamente alterações genéticas.

2.0 OBJECTIVOS

Os objectivos do presente estudo são:

- Recolha da amostra nos ghats ocidentais de Karnataka.
- Fracionamento fitoquímico do extrato da planta.
- Avaliação da atividade antimicrobiana dos extractos de *Ophiorrhiza rugosa* e *Ruta graveolens*.
- Avaliação da propriedade anticancerígena de *Ophiorrhiza rugosa* e *Ruta graveolens* em ratos albinos suíços (*Mus musculus*).
- Análise dos parâmetros hematológicos - contagem de hemácias, contagem de leucócitos.
- Estudos histopatológicos.

3.0 REVISÃO DA LITERATURA

3.1 Cancro

O cancro é uma doença que está a tornar-se um problema de saúde cada vez maior na população humana, e os medicamentos utilizados como tratamento têm limitações evidentes. Em algumas regiões do mundo, o cancro tornou-se ou tornar-se-á em breve a principal doença, a principal causa de morte da população humana. Por exemplo, nos Estados Unidos, o cancro tornou-se a segunda principal causa de morte em poucos anos. De acordo com um relatório recente, o cancro causa a morte de seis milhões de pessoas no espaço de um ano, a nível mundial. Na Índia, os dados do registo do cancro estimam em meio milhão o número de novos casos de cancro notificados por ano no país (Sanghvi. 1994). Dado que o número de mortes por cancro continua a aumentar, torna-se imperativo adotar novas abordagens para prevenir esta doença perigosa.

As principais terapias curativas para o cancro - cirurgia e radiação - geralmente só são bem sucedidas se o cancro for detectado numa fase inicial localizada. Quando a doença progride para um cancro localmente avançado ou para um cancro metastático, estas terapias têm menos êxito. A quimioterapia é outra modalidade que surgiu na década de 1940 para estudos toxicológicos do gás de guerra à base de mostarda de azoto (Chabner et al., 1996). No desenvolvimento de novos agentes quimioterapêuticos, é necessário abordar várias questões, incluindo uma eficácia antitumoral melhorada e duradoura, a redução das toxicidades que podem impedir a dosagem eficaz de medicamentos potencialmente eficazes e a prevenção da resistência aos medicamentos causada pelo interesse na instabilidade genómica dos tumores (Jackson., 2000).Continuam a ser envidados esforços intensos para descobrir novos fármacos anticancerígenos e os estudos laboratoriais e clínicos têm sugerido métodos para uma utilização mais eficaz dos agentes disponíveis.

Durante o desenvolvimento inicial da quimioterapia do cancro, a utilização de múltiplos medicamentos era considerada confusa e inadequada. Os fármacos anticancerígenos disponíveis têm um mecanismo de ação seletivo, que pode variar em diferentes concentrações de fármaco e nos seus efeitos, em diferentes tipos de células normais e cancerígenas. Embora não sejam seletivamente letais para as células cancerosas, em muitos casos, estes medicamentos produzem lesões mais extensas em certas células cancerosas do que nos tecidos normais, presumivelmente devido a processos metabólicos quantitativamente alterados nas células cancerosas ou a uma recuperação mais lenta das células cancerosas do que das células normais. Geralmente, a célula normal processa e recebe uma série de sinais diferentes do ambiente imediato durante a fase G0-G1 para determinar se as condições nutricionais ou hormonais são adequadas para a travessia de G1 para a síntese de ADN. Este trânsito é um processo altamente ordenado em que os replicões individuais são sintetizados em momentos precisos e apenas um por ciclo celular. Assim, a transição G1-S e o próprio período S representam grandes desafios regulatórios para a célula. Estes pontos de transição do ciclo celular são referidos como pontos de controlo do ciclo celular e acredita-se que desempenham um papel importante na manutenção da integridade do genoma (Moller e Walin., 1998).

A formação do cancro é um processo em várias fases, no qual ocorrem múltiplas alterações genéticas, geralmente ao longo de anos, que fazem descarrilar suficientemente o controlo do crescimento, da divisão e da diferenciação celulares. Tal como nas síndromes de predisposição para o cancro, estas alterações genéticas são, por vezes, transportadas na linha germinal. Nos tumores humanos, a maioria das alterações genéticas são adquiridas sob a forma de translocações cromossómicas, deleções, inversões, amplificações e mutações pontuais. Alguns vírus oncogénicos também desempenham um papel importante em alguns tumores humanos (Devitta et al., 1993).

O cancro resulta de uma acumulação progressiva de alterações genéticas que libertam as células neoplásicas dos mecanismos homeostáticos que regem a proliferação celular normal. Apesar da aparente complexidade do fenótipo do cancro, os primeiros estudos indicavam que o cancro poderia ser o resultado de muito poucas alterações - talvez apenas uma - no genoma (Hahl e Weinberg, 2002).

3.2 Plantas como medicamentos à base de plantas

As plantas sempre foram um medicamento comum, quer sob a forma de preparações tradicionais quer de princípios activos puros. Num inquérito realizado pela OMS, estimou-se que 30% dos mais de 4000 milhões de habitantes do mundo dependem principalmente de medicamentos tradicionais para as suas necessidades de cuidados de saúde primários e pode presumir-se com segurança que uma parte importante da terapia tradicional envolve a utilização de extractos de plantas ou do seu princípio ativo (Fransworth et al.,1985). Nos países desenvolvidos, os remédios derivados de plantas também são importantes. Nos Estados Unidos, por exemplo, 25% de todas as receitas aviadas nas farmácias comunitárias contêm extractos de plantas ou princípios preparados a partir de plantas superiores (Fransworth., 1976, 1984). Assim, as plantas têm um valor inestimável na procura de novos medicamentos. Existe um enorme legado histórico na utilização folclórica de preparações vegetais na medicina (Suffines e Douros., 1982). Estudos científicos sobre plantas utilizadas na etnomedicina levaram à descoberta de muitos medicamentos valiosos. Alguns exemplos de medicamentos derivados de plantas são o taxol, a camptotecina, a vincristina e a vinblastina

(Devitta et al., 1993). Algumas das plantas indígenas têm propriedades citotóxicas e antitumorais em modelos animais experimentais (Shylesh e Padikkala.)

As plantas produzem uma grande variedade de compostos químicos que têm grande importância económica. Em primeiro lugar, estes compostos estão ligados a características importantes da própria planta, como a cor ou a fragrância das flores, o sabor e a cor dos alimentos e a resistência a pragas e doenças (Harborne, 1978; Harbone e Tomas Barberan, 1991), mas também à produção de produtos químicos finos, como medicamentos, antioxidantes, aromas, fragrâncias, corantes, insecticidas e feromonas. Nos últimos anos, tem-se registado um rápido aumento do interesse pelo metabolismo secundário das plantas (Verpoorte et al., 1999).

Muitos produtos farmacêuticos e outros produtos industriais baseados em plantas estão atualmente disponíveis (Tabata, 1977; Constabel et al., 1982; Berlin, 1984; Balandrin et al., 1985; Staba, 1985). É importante notar que aproximadamente 60% das plantas medicinais são utilizadas nas medicinas tradicionais (Ayurveda, Siddha, Unani). Estima-se que mais de 90% das espécies vegetais utilizadas pelas indústrias são colhidas na natureza e mais de 70% das drogas vegetais envolvem colheita destrutiva e muito poucas estão em cultivo. O desenvolvimento de métodos biotecnológicos como a micropropagação, a cultura de tecidos/células/órgãos é uma das principais soluções para contornar estes problemas. Nesta linha, o desenvolvimento de sistemas de cultura de raízes de crescimento rápido oferece oportunidades únicas para fornecer drogas de raiz no laboratório, sem recorrer ao campo e ao cultivo (Sudha e Seeni., 2001). Os produtos secundários são derivados biossinteticamente dos metabolitos primários, mas são mais limitados em termos de distribuição, sendo geralmente restritos a determinados metabolitos taxonómicos e tendem a ser biossintetizados em tipos de células especializadas em fases distintas de desenvolvimento (Balandrin e Klocke., 1998)

Recentemente, muitos investigadores na área do cancro têm-se concentrado na utilização de produtos naturais, uma vez que a maioria dos agentes quimioterapêuticos sintéticos causa vários problemas inevitáveis. Um dos problemas é a elevada toxicidade devido à não seletividade dos fármacos. Os medicamentos citotóxicos puros ocorrem naturalmente e, provavelmente, possuem uma menor toxicidade com uma atividade anticancerígena mais potente. As duas plantas seleccionadas para o estudo foram a *Ruta graveolens* e a *Ophiorrhiza rugosa.*

Ruta graveolens

Classification

Kingdom: Plantae

Order: Sapindales

Family: Rutaceae

Genus: *Ruta*

Species: *Graveolans*

A Ruta é uma planta herbácea perene, originária da região mediterrânica. Atualmente, é cultivada em muitas partes do mundo. Tem uma folhagem verde azulada e flores amarelas. O odor da arruda é considerado repulsivo. Existem duas espécies principais utilizadas na medicina tradicional: *Ruta graveolans* e *Ruta chalepenesis* (Iauk et al, 2004).

As suas aplicações na terapia herbal são para promover a menstruação (Chavez,et.al.2003), como contracetivo (Browner,1985), contra a hipertensão (Berdonces,1998), para tratar a histeria (McCann,2003), para aliviar os sintomas da ressaca (Chavexetal;2003), topicamente contra dores de ouvido e dores de cabeça (Gonzalez,1998), externamente como anti-sético da pele e repelente de insectos (Guarrere,1999; Gonzalez 1998), a rutina é um composto isolado da R. graveolens é um flavonoide que tem sido sugerido como tendo propriedades antioxidantes e para reduzir os níveis de triglicerol (Bernardo et al), os ingredientes activos da ruta têm propriedades antifúngicas e insecticidas que podem ser benéficas para a agricultura e medicina (Mancebo et al.,2002Trovato et al.,1996), o teor de flavonóides da ruta possui atividade antibacteriana (Alzoreky e Nakahara,2003), bem como efeitos citotóxicos in vitro (Trovato;1996). A Ruta graveolans é uma planta medicinal e culinária originária da região mediterrânica do sul da Europa e do norte de África. A planta é um pequeno subarbusto perene (2-3) pés de altura encontrado principalmente no sul e norte da África, bem como no sul da Europa, bem como no Peru (Lyma), Brasil, Índia e Irão (De Feitas et al, 2005, Gutierrez-Pajares et al, 2003). As pequenas folhas rectangulares são dissecadas profundamente e o caule é totalmente bifurcado. As pequenas flores amareladas florescem durante a primavera e o verão (Tabib, 1958). As flores estão dispostas em cachos e têm quatro pétalas para além da flor central. O fruto é capsulado e está coberto por nódulos de forma redonda na superfície da cápsula (Zargari, 1990). Os constituintes das plantas incluem óleos voláteis, cumarina, alcalóides glicosídeos amarelos, flavonóides e rutina. Os flavonóides demonstraram ter propriedades antimicrobianas (Ojalaetal, 2000). A rutina é o principal composto ativo e a sua glicona isolada pela primeira vez a partir das folhas da R. graveolans são os protectores bem conhecidos contra exposições nucleares e hemorragias capilares (Thappa R K et al 1982, Miller AL 1996). A rutina possui atividade de eliminação de óxido nítrico (Van Acker et al., 1995), sugerindo assim a propriedade anti-inflamatória da planta. Os alcalóides de acridona têm propriedades anti-virais (Yamamoto et al., 1989) e anti plasmoidais (Queener et al.,1991). Os extractos de arruda foram propostos como fungicidas farmacêuticos tópicos (Ali-Shtayeh et al.,2000). Os psoralenos, uma família de furanocumarinas em *R. graveolens*, têm sido amplamente estudados pela atividade de ligação cruzada entre o ADN quando expostos à luz UV. Esta foto-ativação dos psoralenos tem sido amplamente utilizada no tratamento de várias doenças malignas, incluindo a psoríase, o vitiligo e o linfoma cutâneo (De Rie Ma et al 1995, Vogelsang GB et al 1995). Um extrato de *R. graveolens* demonstrou atividade mutagénica quando testado em salmonelas (Paulini H et al 1987). Ruta em combinação com fosfato de cálcio demonstrou uma atividade antitumoral potente em doentes com cancro cerebral (Sen Pathak et al 2003).Embora os mecanismos moleculares/ou os alvos através dos quais a ruta produz os seus efeitos biológicos sejam desconhecidos, mata eficazmente as células cancerosas, protege as células linfóides B dos danos induzidos pelo peróxido de hidrogénio e mostra efeitos mitogénicos nos linfócitos normais do sangue periférico em cultura (Sen Pathak et al 2003). Há também relatos do efeito anti-inflamatório da *R. graveolens* em macrófagos murinos (Ragav.SK et al 2006), bem como da citotoxicidade dos dois alcalóides de furacridona naturais que foram isolados da *R. graveolens* (Rethy. B et al 2007). O extrato aquoso de *R.graveolens* pode imobilizar os espermatozóides humanos in vitro (Harat et al 2008). Foi relatado que a *R. graveolens tem* atividade espasolítica no íleo isolado de coelho (Wood VH., 1978). Um extrato de *R. graveolens* também mostrou atividade mutagénica quando testado em Salmonella (LINI etal., 1987). Estudos laboratoriais em ratos albinos adultos mostraram que a Ruta fornece proteção contra o efeito clastogénico induzido pela radiação X. Existem também relatórios sobre o efeito anti-inflamatório da *R. graveolens* em macrófagos murinos (Ragav SK, GUPTA et al., 2006), bem como sobre o efeito citotóxico de dois alcalóides de furacidona naturais (Rethy Bet al., 2007). Apesar de vários estudos sobre a atividade biológica da *R. graveolens* e dos seus componentes, existem apenas alguns relatórios sobre os efeitos anti-proliferativos e citotóxicos das plantas contra as linhas de células tumorais (P.Varmani., 2008). Como alguns metabolitos secundários contidos nas plantas têm muitas vezes uma boa atividade antibacteriana ou antimicótica contra microrganismos que são resistentes a medicamentos de uso comum, num programa de estudos sobre a atividade antimicrobiana dos medicamentos vegetais dedicamos a nossa atenção às partes aéreas das espécies; de facto, como as cumarinas e alcalóides isolados de Ruta chalepensis têm atividade antimicrobiana (Wolters B etal.,1981) e as suas preparações extractivas são utilizadas topicamente em várias doenças de pele, a atividade antimicótica do extrato etanólico da parte aérea desta planta de medicina tradicional contra isolados clínicos frescos de hifomicetas identificados por procedimentos convencionais (De hoog etal.,1991). A descoberta, o desenvolvimento e a utilização clínica de antibióticos durante o século XIX diminuíram substancialmente os riscos para a saúde pública resultantes de infecções bacterianas. No entanto, tem-se registado um aumento paralelo e alarmante da resistência bacteriana aos agentes quimioterapêuticos existentes, em resultado de uma utilização imprudente (Service R F et al)). Em muitos países, como a Índia e a China, milhares de comunidades tribais ainda utilizam plantas medicinais do folclore para curar doenças. O grande interesse na utilização e importância das plantas medicinais indianas pela *OMS* em muitos países em desenvolvimento levou a esforços intensificados na documentação de dados etno-médicos de plantas medicinais (Waller et al 1993). A atividade antimicrobiana dos extractos etanólico, metanólico, clorofórmico e aquoso do caule de *R. graveolens* contra *E. coli*, Kebsiella, *Staphylococcus aureus, Bacillus subtilis, Salmonella typhimurium* (Pinkee Pandey)

Ophiorrhiza rugosa

Classification

Kingdom : Plantae

Phylum : Tracheophyta

Class : Magnoliopsida

Order : Rubiales

Family : Pyraloidea

Genus : *Ophiorrhiza*

Species : *rugosa*

A O. rugosa é uma erva rara encontrada nos ghats do norte e oeste da Índia. Encontra-se geralmente nas florestas semi-perenes e sempre-verdes ao longo das margens de riachos perenes de fluxo suave em solos húmidos ao longo das fontes de água. É uma erva rasteira e cresce até uma altura de 20-30 cm. Uma erva pequena, erecta ou procumbente, frequentemente enraizada perto da base, caule pubescente ou glabro, macio ou lenhoso por baixo. Folhas ovadas elípticas ou elípticas oblongas até 10 × 5 cm, obtusas ou agudas no ápice, geralmente arredondadas na base, glabras ou com alguns pêlos dispersos acima ou na superfície inferior e pubescentes nas nervuras abaixo.

Ophiorrhiza é um género predominantemente herbáceo distribuído desde o leste da Índia até ao oeste do Pacífico e do sul da China até ao norte da Austrália. Algumas espécies de Ophiorrhiza têm sido utilizadas na medicina popular como antitússico, expetorante, analgésico, dor de estômago, anti-helmíntico e dor de cabeça. (Supaart et al., 2008).

As plantas produzem uma vasta gama de metabolitos secundários para superar o stress ambiental e defender-se dos seus inimigos naturais. A grande diversidade metabólica representa um processo de adaptação que foi sujeito à seleção natural durante a evolução. Além disso, os seres humanos têm beneficiado de compostos derivados de plantas que são utilizados como medicamentos. Estes compostos, incluindo a vincristina, a vinblastina, o taxol e a camptotecina (CPT), são atualmente prescritos como medicamentos anticancerígenos, que funcionam perturbando os processos biológicos básicos das células humanas. O facto de as plantas produtoras de metabolitos tóxicos serem insensíveis a estes metabolitos sugere a presença de um mecanismo de resistência específico da espécie para evitar a citotoxicidade. A forma como estas plantas desenvolveram um mecanismo para evitar a auto-toxicidade, produzindo simultaneamente compostos tóxicos, é uma questão intrigante de longa data que ainda não foi claramente respondida até à data.

O CPT, um alcaloide indol monoterpeno, é produzido em muitas plantas distantemente relacionadas, incluindo *Ophiorrhiza pumila*, *Ophiorrhiza liukiuensis* e *Camptotheca acuminata*. Induz a morte celular através da estabilização de um complexo covalente entre a topoisomerase I do ADN (Top1) e o ADN cortado, conduzindo a uma lesão do ADN. Embora o CPT seja tóxico para a maioria dos organismos eucariotas, incluindo as plantas superiores, as plantas produtoras de CPT podem evitar a auto-toxicidade, sugerindo assim a presença de um mecanismo de resistência específico da espécie. Em contrapartida, sabe-se que o envolvimento de um transportador de CPT ou de uma mutação Top1 que impede a ligação do CPT constitui um mecanismo de resistência ao CPT em células cancerígenas humanas resistentes ao CPT. No entanto, não existe informação disponível sobre a forma como as plantas produtoras de CPT evitam a toxicidade do

CPT. Embora o sequestro de metabolitos tóxicos através de vesículas ou transportadores seja geralmente assumido como um mecanismo de auto-resistência, o nosso estudo anterior indicou que o CPT é excretado passivamente e que nenhum mecanismo de sequestro específico funciona para o CPT, sugerindo o funcionamento de um mecanismo diferente. Aqui, relatamos as mutações específicas da proteína alvo Top1 que conferem resistência ao CPT em plantas produtoras de CPT como um mecanismo de auto-resistência em plantas. Além disso, fornecemos provas de uma co-evolução adaptativa entre a produção de CPT e a resistência de Top1. (Kjeldesen E et al 1992).

Verificou-se **que** as plantas produtoras de CPT, incluindo *Camptotheca acuminata*, *Ophiorrhiza pumila* e *Ophiorrhiza liukiuensis*, têm Top1s com mutações pontuais que conferem resistência ao CPT, sugerindo o efeito de um metabolito tóxico endógeno na evolução do componente celular alvo. Foram identificadas três substituições de aminoácidos que contribuem para a resistência ao CPT: Asn421Lys, Leu530Ile e Asn722Ser (numeradas de acordo com o Top1 humano). A substituição na posição 722 é idêntica à encontrada em células cancerígenas humanas resistentes ao CPT. As outras mutações não foram encontradas até à data em células cancerígenas humanas resistentes à CPT; isto prevê a possibilidade de ocorrência destas mutações em doentes com cancro humano resistentes à CPT no futuro. Além disso, a análise comparativa de Top1s de plantas produtoras e não produtoras de CPT sugeriu que as primeiras foram parcialmente preparadas para a resistência ao CPT antes da evolução da biossíntese do CPT. Os nossos resultados demonstram o mecanismo molecular de auto-resistência a compostos tóxicos produzidos endogenamente e a possibilidade de co-evolução adaptativa entre o sistema de produção de CPT e o seu alvo Top1 nas plantas produtoras.

Atualmente, os quatro derivados semi-sintéticos hidrossolúveis da camptotecina - topotecano, irinotecano, 9-aminocamptotecina e 9nitrocamptotecina - estão a ser amplamente utilizados no tratamento de vários tumores malignos.

O CPT tem uma estrutura de anel pentacíclico única que lhe confere a si próprio e aos seus derivados a atividade anti-tumoral necessária e tal configuração espacial não pode ser sintetizada artificialmente (Lorence. A et al 2004). A crescente procura mundial por parte das indústrias farmacêuticas e a subsequente pressão sobre as populações selvagens de *N.nimmoniana puseram a* planta em perigo (CAMP para plantas medicinais no estado de Maharashtra 2004), pelo que existe uma necessidade urgente de fontes alternativas de CPT para satisfazer as exigências da indústria farmacêutica. Até à data, foram envidados esforços para analisar o teor de CPT na cultura de raízes peludas de *O.pumila*. No entanto, estas estimativas limitaram-se principalmente a estudos in vitro.

Foram realizados estudos sobre a organogénese a partir de explantes de folhas e entrenós de *O.prostrata* em diferentes meios, utilizando vários reguladores de crescimento (Beegum et al 2007). A produção in vitro de camptotecina (CPT) foi conseguida através do estabelecimento de culturas múltiplas de rebentos e raízes de Ophiorrhiza rugosa (Gardn.ex Thw.) Deb e Mondal. O máximo de rebentos múltiplos foi obtido em Murashige e Skoog (MS) suplementado com 5mg/l de N6-benzil amino purina (BA) juntamente com 0,5mg/l de ácido naftaleno acético (NAA). Foi observada uma geração óptima de raízes em meio Murashige e Skoog com 2mg/l NAA e 0,05mg/l BA. No entanto, verificou-se que o teor de CPT era elevado nas culturas de rebentos e raízes em que as hormonas de crescimento impunham a inibição do crescimento.

A quantidade máxima de CPT em rebentos múltiplos foi de 0,038%, enquanto os rebentos de plantas cultivadas no campo apresentaram 0,002%. Nas culturas de raízes, o teor de CPT foi de 0,065%, enquanto as raízes de plantas intactas apresentaram apenas 0,024%. No entanto, não existem estimativas actuais de CPT em populações naturais

4.0 MATERIAIS E MÉTODOS

4.1 Produtos químicos e materiais utilizados no estudo:

Todos os produtos químicos utilizados no estudo eram de grau analítico, adquiridos localmente à HIMEDIA e à SRL India.

Ratinhos albinos suíços, hemocitómetro, espetrofotómetro UV (Energy Bio Variance 50)

4.2.1. Material vegetal utilizado:

A amostra da planta foi recolhida nos ghats ocidentais de Karnataka. O material vegetal foi identificado pelo Dr. K. Gopalkrishna Bhat (botânico).

4.2.2. Animais utilizados:

Foram utilizados para o presente estudo ratos albinos suíços, com 4-6 semanas de idade, pesando 20-30g. Foram mantidos em condições adequadas num biotério com ciclos de luz e escuridão de 12 horas. Foram alimentados com ração de laboratório e água *ad libitum* e foram mantidos de acordo com as directrizes do comité de ética institucional. O estudo foi realizado após a obtenção da autorização do comité de ética animal institucional (SAC/IAEC/2/2011).

4.3. Cultura de linhas de células EAC *in vivo*:

As células do carcinoma de ascite de Ehrlich (EAC) foram obtidas no Departamento de Biotecnologia da Universidade de Mysore, Karnataka, Índia. As células EAC foram mantidas em ratinhos albinos suíços, por transplante intraperitoneal (i.p.) de 9 em 9 dias. O líquido ascítico foi colhido com uma seringa e a contagem das células tumorais foi realizada num hemocitómetro de Neubauer, tendo-se obtido 2×10^6 células/ml por diluição com solução salina normal. Para o transplante, utilizou-se uma suspensão de células tumorais com uma viabilidade superior a 90 % (verificada pelo ensaio de exclusão do corante azul de Tripan (0,4%)).

4.4 Fracionamento fitoquímico:

As folhas frescas foram lavadas, secas à sombra e transformadas em pó com um misturador de cozinha. Os restantes vestígios de humidade foram removidos mantendo-as numa incubadora a 37° c. Foram homogeneizadas numa mistura de metanol e água na proporção (4:1), ou seja, dez volumes do peso da amostra. A mistura foi filtrada com um pano de queijo e foram obtidas duas partes: o filtro e o resíduo. O resíduo foi seco a 37° c e extraído com 5 volumes de acetato de etilo. O filtrado foi evaporado até à secura, isto é, 1/10 do volume a uma temperatura inferior a 40° c, depois o filtrado restante foi acidificado com 2 M $H_2 SO_4$ e depois extraído com 3 volumes de clorofórmio.O extrato de acetato de etilo foi filtrado, tendo-se obtido duas partes: um resíduo que consistia principalmente em fibras (sobretudo polissacáridos) e um filtrado que foi evaporado até à secura, denominado extrato neutro (gorduras, ceras). A camada de clorofórmio é evaporada até à secura e designa-se por extrato moderadamente polar (terpenóides e fenólicos). A camada aquosa ácida é basificada a pH 10 com NH_4 OH e extraída com $CHCl_3$- MeOH (3:1 duas vezes) e depois com $CHCl_3$. O $CHCl_3$ -MeOH é então separado, evaporado até à secura e designado por extrato básico (a maioria dos alcalóides) e a camada aquosa básica é evaporada e depois extraída com MeOH, passando a designar-se por extrato polar (J.B. Harborne).

4.5 Rastreio fitoquímico parcial dos extractos:

4.5.1 Análise qualitativa dos fitoquímicos

Testes químicos

Determinação de alcalóides

Um mililitro da solução de ensaio foi tratado com algumas gotas do reagente de Dragendroff. Verificou-se a formação de um precipitado que indica a presença de alcalóides.

Teste para compostos fenólicos

Um mililitro da solução de ensaio foi tratado com cloreto férrico etanólico a 10%. Considerou-se que os compostos fenólicos estavam presentes quando se observou uma mudança de cor para verde azulado/azul escuro.

Pesquisa de antraquinonas

O teste de Borntrager foi utilizado para a deteção de antraquinonas. Dois mililitros da amostra foram agitados com 4 ml de hexano. A camada lipofílica superior foi separada e tratada com 4 ml de amoníaco diluído. Se a camada inferior mudar de violeta para cor-de-rosa, indica a presença de antraquinonas.

Teste para esteróides

Um mililitro do respetivo extrato de planta foi tratado com três gotas de anidrido acético e uma gota de ácido sulfúrico concentrado. Uma mudança de cor de verde profundo para castanho a castanho escuro indicou a presença de esteróis.

Pesquisa de glicosídeos cardíacos

De acordo com o protocolo do teste de Keller-Killani, misturou-se 1 ml de solução de amostra com 1 ml de ácido acético glacial e depois tratou-se com uma gota de solução etanólica de cloreto férrico a 5%. Verteu-se cuidadosamente um mililitro de ácido sulfúrico concentrado pela parte lateral do tubo de ensaio. O aparecimento de um anel acastanhado entre as duas camadas formadas, com a camada ácida inferior a tornar-se verde-azulada após repouso, indica a presença de glicosídeos cardíacos.

4.5.2 Cromatografia de camada fina

A camada fina é uma técnica utilizada para separar os componentes puros presentes numa mistura. Esta separação é possível devido à diferença na força de adesão das moléculas presentes na mistura a uma fase móvel (normalmente um solvente) e a uma fase estacionária (designada por camada fina, gel de sílica). Esta diferença traduz-se num maior ou menor movimento de cada componente individual, o que permite a sua separação e identificação.

Preparação das placas de TLC

- Pega-se numa placa de camada fina e, com a ajuda de um lápis, traça-se uma linha paralela 1,5 cm acima do bordo inferior.
- Divida-a com marcas separadas de 2,5 cm de distância entre elas e separe 1 cm de ambos os lados da placa.
- Traçar uma linha de 0,5 cm no bordo superior, riscando a sílica com a ponta da espátula até se ver a placa de vidro.
- Escrever com o lápis as iniciais do modelo de amostra abaixo de cada marca.

Deteção das amostras

- Deitar 3µl da amostra na placa TLC utilizando um tubo capilar.

Eluição

- Saturar a câmara TLC com os respectivos solventes e, uma vez saturada, introduzir as placas TLC com as amostras na câmara TLC.
- Fechar o recipiente de vidro com a tampa.
- Deixar a placa TLC dentro do recipiente com a eluição até que o solvente tenha subido até atingir a linha superior.
- Retirar a placa TLC do recipiente e deixá-la secar num local ventilado.
- Pulverizar as placas com os respectivos reagentes de revelação de cor para a deteção dos fitoquímicos.

Analisar os pontos

- Introduzir a placa TLC seca no transiluminador UV para visualização das manchas.

Flavonóides

Os flavonóides foram detectados utilizando o sistema de solventes Clorofórmio: Acetato de etilo: Metanol (2:2:1) e o agente de desenvolvimento da cor utilizado foi o cloreto de alumínio a 2%.

Alcalóides

O sistema de solventes utilizado para a deteção de alcalóides foi o hexano: Clorofórmio: Dietilamina (50: 40:10) e o reagente de revelação de cor utilizado foi o reagente de Dragendroff.

Alcalóides esteróides

Os alcalóides esteróides foram detectados utilizando um sistema de solventes de clorofórmio: Etanol: Hidróxido de amónio (40:40:20) e o reagente de revelação de cor utilizado foi o cloreto de antimónio (III).

Sapogenina

O sistema de solventes utilizado para a deteção de sapogeninas foi clorofórmio: Acetona (4:1) e o agente de desenvolvimento de cor utilizado para a sua deteção foi o cloreto de alumínio a 2%.

Antioxidante

O sistema de solventes utilizado para a deteção de antioxidantes foi o hexano: Ácido acético glacial: (80:20) e o agente de desenvolvimento de cor utilizado para a deteção foi o ácido fosfomolíbdico a 2%.

4.5.3 Análise espectrofotométrica UV-VIS:

Os extractos das plantas foram evaporados até à secura e dissolvidos em etanol absoluto e analisados na gama de 190-600 nm utilizando o espetrofotómetro UV VIS (Energy Bio Variance 50). Os máximos de absorção dos picos obtidos foram utilizados para a deteção de fitoquímicos (Harborne, 2005).

4.6 Estudos *in vivo.*

4.6.1. Ensaio de toxicidade aguda

Camundongos albinos suíços saudáveis (28 ±2 g) machos, passaram fome durante a noite, foram divididos em 7 grupos, com 3 camundongos em cada grupo (n=3). Os grupos 1-6 foram alimentados oralmente com três extractos diferentes de *R. graveolans* e *O.rugosa* com níveis de dose crescentes de 50, 200, 400 mg/kg de peso corporal, enquanto o grupo 7 serviu de controlo. Os animais foram observados continuamente durante as primeiras 2 horas para detetar qualquer alteração grosseira no comportamento, quaisquer outros sintomas de toxicidade e mortalidade, se fosse caso disso, e de forma intermitente durante as 6 horas seguintes e, depois, novamente após 24 horas e 48 horas para detetar qualquer letalidade ou morte. Um décimo e um quinto do extrato da dose máxima de segurança testada para a toxicidade aguda foram seleccionados para a experiência in vivo.

4.6.2. Efeito do extrato de Ophiorrhiza e de Ruta no tempo médio de sobrevivência e na percentagem de aumento do tempo de vida

Foram pesados ratos suíços albinos machos saudáveis e divididos em 7 grupos de cada extrato de *O.rugosa* e *R.graveolans* e dois grupos como controlo (EAC) e normal (n=8). As células EAC (2×10^6 células/rato) foram injectadas i.p. em cada rato de cada grupo, exceto no grupo normal. Este foi considerado o Dia 0. O tratamento com extrato foi continuado durante os 11 dias seguintes, a partir do Dia 1. Foi registado o tempo médio de sobrevivência (TMS) de cada grupo, constituído por 3 ratinhos.

As células foram injectadas intra-peritonealmente a 2×10^6 células/0,5 ml/rato.

Grupos	Extrato de planta	Extractos injectados /Peso corporal (mg/kg,i.p)
Normal	-	-
Controlo EAC	-	-
EAC+CT	*O.rugosa*	200 e 400
EAC+CT	*R.graveolens*	200 e 400
EAC+CMT	*O.rugosa*	200 e 400
EAC+CMT	*R.graveolens*	200 e 400
EAC+MT	*O.rugosa*	200 e 400

CT: Extrato clorofórmico, CMT: Extrato clorofórmico-metanólico, MT: Extrato metanólico

No 12º dia, 24 horas após a última dose, foram sacrificados três ratinhos de cada grupo e os restantes foram mantidos para o estudo do tempo de vida dos hospedeiros do tumor. O efeito do extrato no crescimento do tumor foi monitorizado através do registo diário da mortalidade durante 6 semanas e foi calculada a percentagem de aumento do tempo de vida (ILS%).
O aumento do tempo de vida do grupo tratado com extrato em comparação com o grupo de controlo foi calculado utilizando a fórmula:

Aumento do tempo de vida ILS (%) = T-C/C × 100

T= Número de dias de sobrevivência dos animais tratados

C= Número de dias de sobrevivência dos animais de controlo

O aumento do peso corporal médio dos animais também foi registado nestes grupos. Após o sacrifício dos animais, foi recolhido sangue para avaliar os parâmetros hematológicos. O tecido hepático foi recolhido dos animais para a avaliação dos parâmetros histológicos.

4.6.3. Contagem de células tumorais viáveis e não viáveis

O líquido ascético foi recolhido numa pipeta de leucócitos e diluído 100 vezes. Em seguida, colocou-se uma gota da suspensão de células diluídas na câmara de contagem de Neubauer e contou-se o número de células nos 64 quadrados pequenos. As células foram então coradas com o corante azul de tripano (diluição 1:1). As células que não absorveram o corante eram viáveis e as que absorveram o corante eram inviáveis. Estas células viáveis e não viáveis foram contadas.

4.6.4. Estudos hematológicos

A fim de avaliar o efeito do extrato de raiz de *Ophiorrhiza rugosa* e do extrato de folha de *Ruta graveolens* nos parâmetros hematológicos de ratinhos portadores de EAC. No 12.º dia doth , os animais foram sacrificados; foi colhido sangue através de punção cardíaca e corte da cauda. A contagem de hemácias, de leucócitos e a contagem diferencial foram efectuadas com base nos procedimentos padrão.

4.6.5. Contagem de eritrócitos

A amostra de sangue foi diluída (1:200) com o líquido de diluição utilizando uma pipeta de Thoma. Após uma mistura vigorosa, uma gota da mistura resultante foi despejada sob o vidro de cobertura do hemocitómetro de Neubauer e os corpúsculos foram deixados a assentar durante 3 minutos. O número de eritrócitos em 80 pequenos quadrados foi contado ao microscópio ótico. O número de células em 1 mm^3 de sangue não diluído foi calculado pela fórmula;

Contagem de hemácias = Número total de células contadas × 10.000 células/mm^3

4.6.6. Contagem total de leucócitos

O sangue foi diluído a 1:20 com um líquido de diluição de leucócitos. O hemocitómetro de Neubauer foi enchido com a mistura e o número de células em quatro blocos de canto (cada bloco subdividido em 16 quadrados) foi determinado e a contagem total de leucócitos por mm^3 de sangue foi calculada da seguinte forma

Contagem de leucócitos = Número total de células contadas × 1mm^3 × fator de diluição células/mm^3

0.4

4.6.7. Contagem diferencial

Foi preparado um esfregaço de sangue fino e as células foram coradas com a coloração de Leishmanns. Os diferentes tipos de leucócitos' s identificados são contados ao microscópio composto de alta potência e registados nos quadrados da tabela fornecida para o efeito. O número de diferentes tipos de leucócitos' s é expresso em percentagem. São contados, no máximo, 100 leucócitos' s de forma regular.

4.7. Análise histopatológica

O fígado foi dissecado dos ratinhos e procurou-se qualquer necrose. Foram efectuados estudos histopatológicos do fígado de ratinhos alimentados com extrato, injectados com EAC e comparados com os do ratinho normal e do ratinho de controlo EAC e os resultados foram analisados.

4.8. Atividade antimicrobiana; ensaio de difusão em disco

Foram preparadas placas de ágar com 15 ml de ágar nutriente. Para o efeito, espalhou-se uma cultura de bactérias durante a noite (0,1 ml) na superfície da placa de ágar utilizando uma espátula de vidro esterilizada. Foram colocados discos de suscetibilidade antimicrobiana aos quais foram adicionados 10 µl de cada extrato. Os discos impregnados de extrato, juntamente com dois padrões (discos de resistência a antibióticos tetraciclina e vancomicina 30 µg/100µl (Himedia) e controlo contendo DMSO) foram colocados na superfície inoculada da placa de ágar (seis discos por placa). As placas de ágar foram incubadas durante a noite a 37^0 C e as zonas de inibição bacteriana foram observadas e medidas.

4.9. Análise estatística

Todos os valores foram expressos como média ± SEM. Os dados foram analisados estatisticamente pelo teste t de student. $p<0,05$ foi considerado estatisticamente significativo e $p<0,01$ foi considerado altamente significativo.

5.0 RESULTADOS E DISCUSSÃO

5.1Exame fitoquímico dos extractos

5.1.1 Testes fitoquímicos

O rastreio fitoquímico por método de teste químico em *R.graveolens* indicou a presença de esteróides e flavonóides no extrato de metanol, alcalóides, fenóis, esteróides e flavonóides no extrato de clorofórmio, alcalóides e flavonóides no extrato de metanol e clorofórmio (Quadro 1).

Através do rastreio fitoquímico por método de teste químico em *O. rugosa*, verificou-se que os alcalóides e os esteróides estavam presentes no extrato de metanol clorofórmico, os alcalóides, os fenóis e os esteróides estavam presentes no extrato clorofórmico (Quadro 2).

Tabela no.1 Fitoquímicos presentes em *R.graveolens* revelados pelo método de teste químico.

Composto	Extrato metanólico	Extrato clorofórmico	Extrato metanol-clorofórmio
Alcalóides	-	+	+
Fenóis	-	+	-
Antraquinona	-	-	-
Esteróides	+	+	-
Flavonóides	+	+	+
Saponinas	-	-	-

Tabela nº 2 Fitoquímicos presentes em *O.rugosa* revelados pelo método de teste químico.

Compostos	Extrato clorofórmio-metanol	Extrato clorofórmico	Extrato metanólico

Alcalóides	+	+	-
Fenóis	-	+	-
Antraquinonas	-	-	-
Esteróides	+	+	-
Glicosídeos cardíacos	-	-	-
Flavonóides	+	-	+

5.1.2Cromatografia em camada fina (TLC)

A cromatografia de camada fina de *O.rugosa* e *R. graveolens* revelou que é rica em alcalóides, flavonóides, alcalóides esteroidais, sapogeninas e antioxidantes. (Quadro 3 e 4, fig. n.º 1 e 2).

Tabela no. 3 Fitoquímicos presentes em *O.rugosa* revelados pelo método TLC.

Composto	Extrato clorofórmico	Extrato clorofórmio-metanol	Extrato metanólico
Flavonóides	+	+	+
Alcalóides	+	+	-
Esteróides-Alcalóides	+	+	-
Sapogenina	+	-	-
Antioxidante	-	+	-

Flavonóides, alcalóides, esteróides-alcalóides foram detectados principalmente no extrato de clorofórmio-metanol e clorofórmio, o que indicou a presença de alcalóides concentrados no extrato de clorofórmio-metanol e fenóis e terpenóides no extrato de clorofórmio.

Tabela no. 4 Fitoquímicos presentes em *R. graveolens* revelados pelo método TLC.

Composto	Extrato clorofórmico	Extrato clorofórmio-metanol	Extrato metanólico
Flavonóides	+	+	-
Alcalóides	+	+	-
Esteróides-Alcalóides	+	+	-
Sapogenina	+	-	-
Antioxidante	-	+	-

Fig. 1 TLC de fitoquímicos em *Ruta graveolens.*

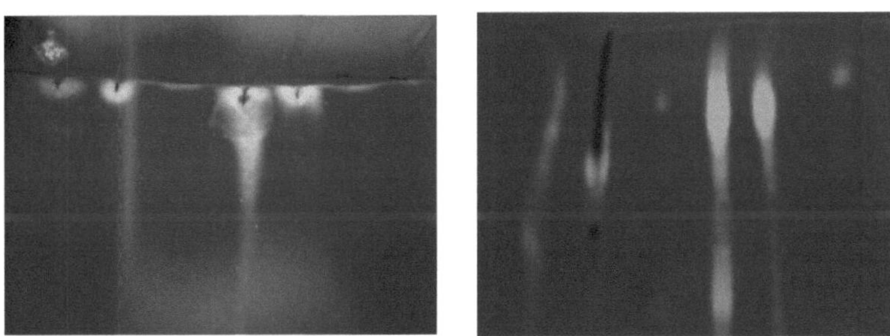

Fig. 1(a) TLC de alcalóides Fig. 1(b) TLC de flavonóides

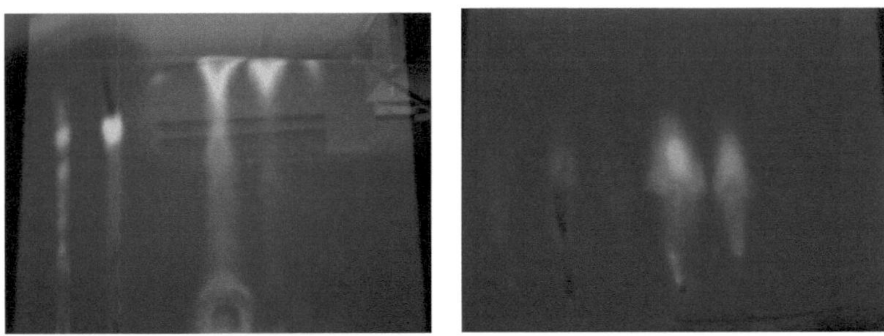

Fig. 1(c) TLC de saponinas Fig. 1(d) TLC de esteróides-alcalóides

Fig. nº 2 TLC de fitoquímicos em *Ophiorrhiza rugosa*.

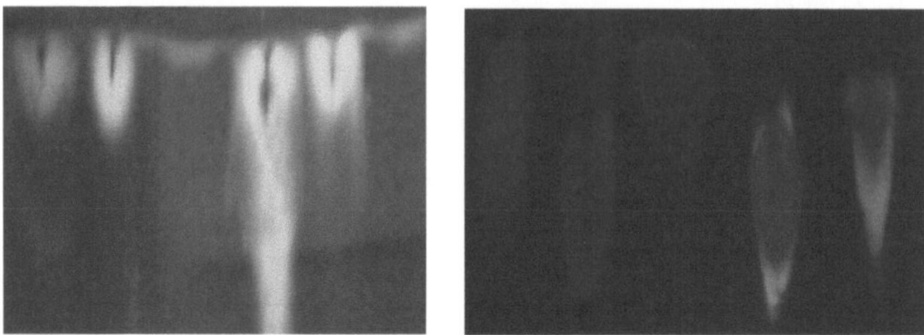

Fig. 2(a) TLC de alcalóides Fig. 2(b) TLC de flavonóides

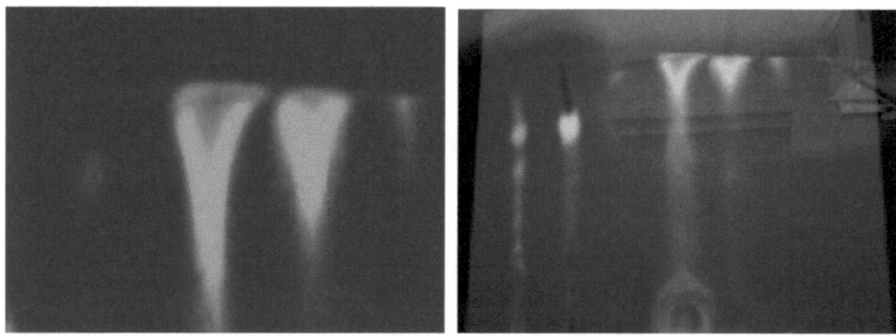

Fig. 2(c) TLC de saponinas Fig. 2(d) TLC de esteróides-alcalóides

5.1.3Análise espetral de UV

A análise espetral contínua UV (Fig. 3a, b, c, d,) deu-nos uma indicação clara do tipo de compostos químicos que estão presentes nos extractos das plantas.

Fig. 3 Análise espetral UV de O.*rugosa* Fig. 3(a) *O.rugosa*; extrato clorofórmio-metanol

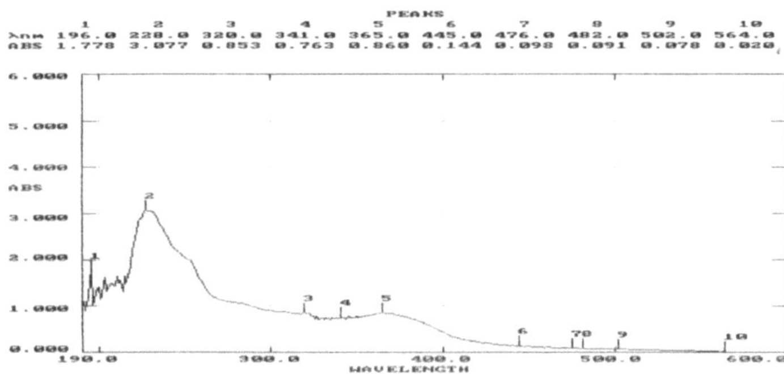

Tabela.5. *O.rugosa*; Extrato clorofórmio-metanol

Compostos	EtOH λ_{max}
Cumarina: Agliconas - Umbeliferona	209nm
Ácido cinâmico: ácido p-cumárico Cumarina : Glicosídeos Antraquinonas: Crisofanol.	225nm
Berberina , Aconitina	228nm
Ácido cinâmico-cafeico, flavonas-tricina	246nm
Cumarina	314nm
Flavonóis: Kaempferol	367nm
Antraquinonas: Emodin e Physcion	440nm
Antocianinas	459nm

Fig. 3 (b) *O.rugosa*; extrato clorofórmico

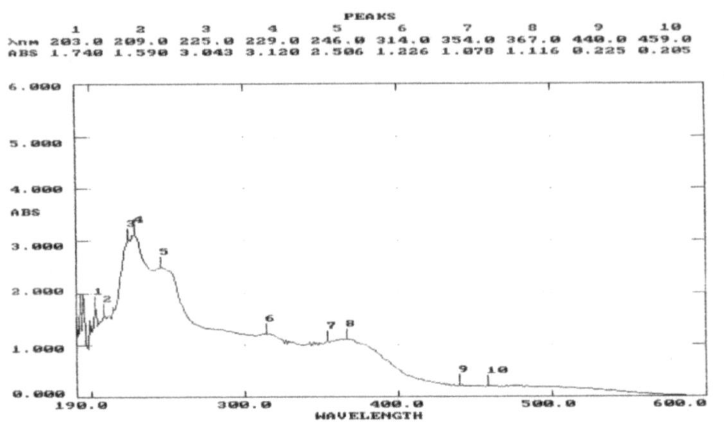

Tabela .6. *O.rugosa*; extrato clorofórmico

Compostos	EtOH λ_{max}
Cumarina: Agliconas - Umbeliferona	209nm
Ácido cinâmico: ácido p-cumárico Cumarina : Glicosídeos Antraquinonas: Crisofanol. Berberina, Aconitina	225nm
Ácido cinâmico-cafeico, flavonas-tricina	246nm
Cumarina	314nm
Cumarina :Agliconas-Aesculentina	354nm
Flavonóis: Kaempferol	367nm
Antraquinonas: Emodin e Physcion	440nm
Antocianina	459

Fig. no. 3(c) R. *graveolens* - Extrato clorofórmio-metanol

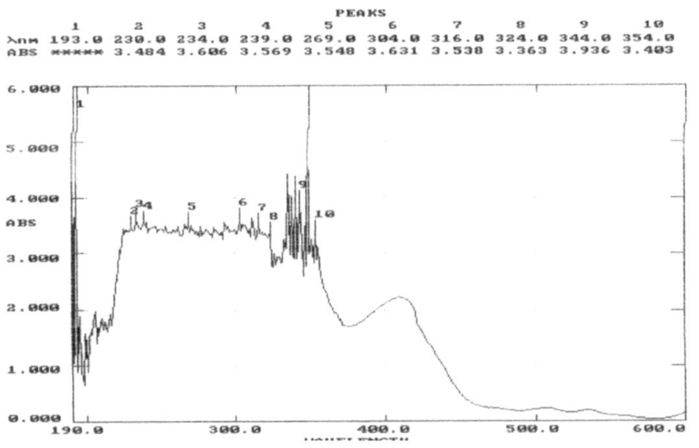

Tabela .7. *R. graveolens* - Extrato clorofórmio-metanol

Compostos	EtOH λ_{max}
Chalconas : Isoliquiritigenina	237nm
Antraquinonas: Emodina, Flavonóis-Azaleatina.	251nm
Antraquinonas: Rein. Nicotina	261nm
Flavanonas: Naringenina	293nm
Cistisina	304nm
Dihidrochalcona :Cloridzina	313nm
Flavanonas : Aringina e Hesperidina	337nm
Auronas: Aureusidina-4-glicosídeo e Aureusidina-6-glicosídeo.	400nm
Carotenóides	417nm

Fig. no. 3(d) R.*graveolens* - Extrato clorofórmico

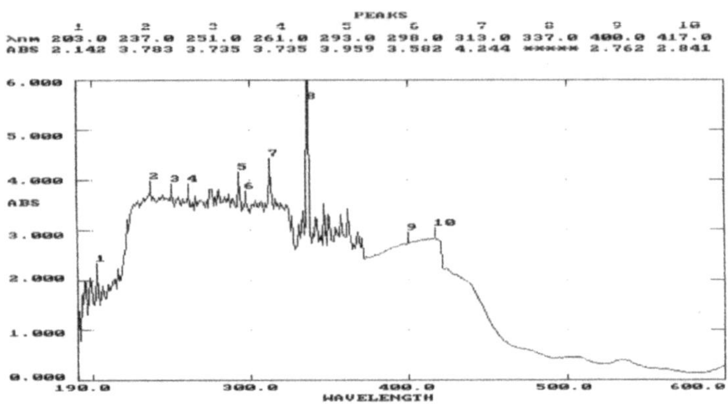

Tabela .8. *R.graveolens* - Extrato clorofórmico

Compostos	EtOH λ_{max}
Agliconas: Cumarina	230nm
Chalconas: Isoliquiritigenina	234nm
Chalconas: Isoliquiritigenina	239nm
Estricnina, Atropina	254nm
Auronas: Aureusidina ; Isoflavonas - Genisteína	269nm
Flavononas: Hesperidina	304nm
Xantona : Mangiferina	316nm
Flavononas: Dihidroquercetina	324nm
Flavanóis: Gossipetina	344nm
Flavonas	354nm

5.2 Avaliação do tempo médio de sobrevivência

Ophiorrhiza rugosa

No estudo do tempo de vida, o tempo médio de sobrevivência para o grupo de controlo foi de 22,4 dias, ao passo que foi de 32,6 e 34,8 dias para os grupos tratados com dose baixa e dose elevada de CMT. O aumento do tempo de vida nos grupos tratados com dose baixa e dose alta de CMT (aumento de 45,5% e 55,3%) foi significativo em relação aos ratos de controlo EAC e reflecte a propriedade antitumoral do extrato CMT. (Tabela 9.)

O prolongamento do tempo de vida dos animais é um critério fiável para julgar o valor de qualquer medicamento anticancerígeno (Gupta *et al.,* 2004). O aumento do tempo de vida dos ratos portadores de tumor pelo tratamento com extrato de O.*rugosa* é um resultado positivo e apoia o efeito anticancerígeno de *O.rugosa.* Entre os três extractos utilizados, o CMT apresentou bons resultados em comparação com os outros dois extractos de *O.rugosa*

Tabela .9 Efeito dos extractos de *Ophiorrhiza rugosa* no tempo médio de sobrevivência e no aumento do tempo de vida dos ratos portadores de EAC.

Calendário de tratamento	MST(dias)	ILS%
Controlo do tumor	22.4± 0.24*	-
CMT (100 mg/kg i.p.)	32.6± 0.24*	45.5
CMT (400mg/kg i.p.)	34.8±0.2*	55.3
CT (100mg/kg i.p.)	23.6±0.24*	5.35
CT (400mg/kg i.p.)	23.4 ±0.24	4.46
MT (100mg/kg i.p.)	28±0.31*	25
MT (400 mg/kg i.p.)	27.4±0.24*	23.32

MST = tempo médio de sobrevivência, ILS = aumento do tempo de vida, CMT = extrato metanólico de clorofórmio, CT = extrato de clorofórmio e MT = extrato metanólico de Ophiorrhiza rugosa, n = 3 animais em cada grupo, *p<0,05 quando comparado com o controlo. Os valores são expressos como média ± SEM.

Ruta graveolens

No estudo do tempo de vida, o tempo médio de sobrevivência para o grupo de controlo foi de 22,4 dias, ao passo que foi de 31,6 e 37,8 dias para os grupos tratados com dose baixa e dose elevada de CMT. O aumento do tempo de vida nos grupos tratados com dose baixa e dose alta de CMT (aumento de 41% e 68,7%) foi significativo em relação aos ratinhos de controlo EAC e reflecte a propriedade antitumoral do extrato CMT. (Tabela.10)

O prolongamento do tempo de vida dos animais é um critério fiável para avaliar o valor de qualquer medicamento anticancerígeno (Gupta *et al.*, 2004). O aumento do tempo de vida dos ratos portadores de tumor pelo tratamento com extrato de R. *graveolens* é um resultado positivo e apoia o efeito anticancerígeno de *R. graveolens*. Entre os três extractos utilizados, o CMT apresentou bons resultados em comparação com os outros dois extractos de *R. graveolens*

Tabela. 10. Efeito dos extractos de *Ruta graveolens* no tempo médio de sobrevivência e no aumento do tempo de vida dos ratos portadores de EAC

Calendário de tratamento	MST (dias)	ILS (%)
Controlo do tumor	22.4±0.24	-
CT (100 mg)	28± 0.32**	25
CT(400mg)	29.4±0.4**	31.25
CMT(100 mg)	31.6± 0.25**	41
CMT(400 mg)	37.8±0.20**	68.7

MST = tempo médio de sobrevivência, ILS = aumento do tempo de vida, CMT = extrato clorofórmico em metanol, CT = extrato clorofórmico de Ruta graveolens, n = 3 animais em cada grupo,*p<0,05 quando comparado com o controlo. Os valores são expressos como média ± SEM.

5.3 Avaliação dos parâmetros hematológicos

Análise hematológica

Ruta graveolens

A administração do extrato de *R. graveolens* reduziu significativamente a contagem de leucócitos em todos os grupos em relação ao grupo de controlo do CEA. A contagem de hemácias, que diminuiu após a inoculação de EAC, foi restaurada significativamente para os níveis normais nos animais tratados com 200 e 400 mg/kg b. wt. O resultado (Fig.1) implica o papel protetor de *R. graveolens* no perfil hematológico de ratos portadores de EAC.

Na quimioterapia do cancro, os principais problemas são a mielossupressão e a anemia (Price e Greenfield 1958; Maseki *et al.,* 1981). A anemia encontrada em ratos portadores de tumor deve-se principalmente à redução da percentagem de hemácias ou hemoglobina e isto pode ocorrer devido à deficiência de ferro ou devido a condições hemolíticas ou mielopáticas (Fenninger e Mider, 1954). O tratamento com *R. graveolens* trouxe de volta a contagem de glóbulos vermelhos e de glóbulos brancos para valores próximos dos normais. Isto indica que *a R. graveolens* possui uma ação protetora no sistema hematopoiético. O grupo tratado com o extrato na dose de 200 mg/kg e 400 mg/kg de peso corporal restaurou todos os parâmetros hematológicos alterados para valores quase normais. Estes resultados sugerem a natureza anticancerígena do extrato, a dose de 400 mg/kg de peso corporal de CMT foi considerada mais potente do que todos os outros extractos.

Tabela. 11. Efeito dos extractos de *Ruta graveolens* nos parâmetros hematológicos de ratinhos portadores de EAC.

PARÂMETRO	NORMAL	EAC	CT(100mg/kg)	CT(400mg/kg)	CMT(100 mg/kg)	CMT(400 mg/kg)
Hemácias (10^6	4.82± 0.05	2.74±0.075**	2.9±0.07 **	4.58± 0.03**	3.78±0.04 **	4.66±0.02**

células/mm)³						
0,05WBC ³ células/mm	8.2±0.05	15.32±0.1	7.28±0.03*	4.58±0.03*	9.64±0.05*	7.52±0.03*
LYMPHOCYTES (%)	70.34±0.024	50.72±0.03**	65.45±0.05**	66.18±0.1**	67.96±0.02**	67.06±0.04**
MONÓCITOS (%)	1.76±0.024	1±0**	1.12±0.1**	0.98±0.02**	1±0**	0.94±1**
NEUTRÓFILOS (%)	24.18±0.02	46.26±0.05**	30.38±0.05**	30.04±0.05**	29.04±0.02**	30.04±0.02**
EOSINOPHIL (%)	1.68±0.02	1.02±0.02**	1.12±0.02**	1.02±0.02**	1±0**	1±0.96**

n = 5 animais por grupo, $*p<0,05$ e $**p<0,01$ quando comparados com o controlo. Os valores são expressos como média ± SEM.

Ophiorrhiza rugosa

A administração do extrato de *O.rugosa* reduziu significativamente a contagem de leucócitos em todos os grupos em relação ao grupo de controlo do EAC. A contagem de hemácias, que diminuiu após a inoculação de EAC, foi restaurada significativamente para os níveis normais nos animais tratados com 200 e 400 mg/kg b.wt. Os resultados (Fig.1) implicam o papel protetor da *O.rugosa* no perfil hematológico de ratinhos portadores de EAC.

Na quimioterapia do cancro, os principais problemas são a mielossupressão e a anemia (Price e Greenfield 1958; Maseki *et al.,* 1981). A anemia encontrada em ratinhos portadores de tumores deve-se principalmente à redução da percentagem de hemácias ou de hemoglobina e isto pode ocorrer devido à deficiência de ferro ou devido a condições hemolíticas ou mielopáticas (Fenninger e Mider, 1954). O tratamento com *R.graveolans* trouxe de volta a contagem de glóbulos vermelhos e de glóbulos brancos para valores próximos dos normais. Isto indica que *O.rugosa* possui uma ação protetora no sistema hemopoiético. Na contagem diferencial de leucócitos, a percentagem de neutrófilos aumentou enquanto a contagem de linfócitos diminuiu. O grupo tratado com o extrato na dose de 200 mg/kg e 400 mg/kg de peso corporal restabeleceu todos os parâmetros hematológicos alterados para quase o normal. Estes resultados sugerem a natureza anticancerígena do extrato, tendo-se verificado que a dose de 400 mg/kg de peso corporal de CMT é mais potente do que todos os outros extractos.

Tabela. 12. Efeito dos extractos de *Ophiorrhiza rugosa* nos parâmetros hematológicos de ratos portadores de EAC.

PARÂMETRO	**Hemácias (10^6 células/mm)^3**	**Leucócitos (10^3 células/mm)^3**	LINFÓCITOS (%)	MONÓCITOS (%)	NEUTROFILOS (%)	EOSINOPHIL (%)	BASÓFILO (%)
NORMAL	4.82 ± 0.04	8.2 ± 0.05	70.34±0.024	1.76±0.024	24.18±0.02	1.68±0.02	2.04±0.02*
EAC	2.74 ± 0.07*	15.32 ± 0.1*	50.72±0.03**	1±0**	46.26±0.05**	1.02±0.02**	1±0*

CT(100 mg/kg)	2.26 ± 0.08*	14.2 ± 0.03 *	65.7±0.12**	1.04±0.04**	30.1±0.07**	1.28±0.07**	1.378±0.15
CT(400 mg/kg)	2.64 ± 0.05*	13.78 ± 0.02 *	66.18±0.1**	1.04±0.05**	30.44±0.07**	1.02±0.02**	1.32±0.049**
CMT (400mg /kg)	4.56 ± 0.04*	9.44 ± 0.09 *	67.96±0.05**	0.76±0.05**	30.08±0.1**	0.26±0.05**	0.94±0.08**
MT(100 MG/kg)	2.74 ± 0.02*	13.9 ± 0.05 *	64.04±0.04**	1.36±0.04**	32.16±0.04**	1.42±0.02**	1.02±0.02**

N = 3 animais por grupo, $*p<0,05$ e $**p<0,01$ quando comparados com o controlo. Os valores são expressos como média ± SEM.

5.4 ANÁLISE HISTOPATOLÓGICA

Foi feita uma comparação do tecido hepático que foi tratado com o extrato e com o EAC. Não foi encontrada nenhuma necrose no fígado tratado com o extrato em comparação com o EAC, mostrando que o extrato não tinha qualquer efeito tóxico.

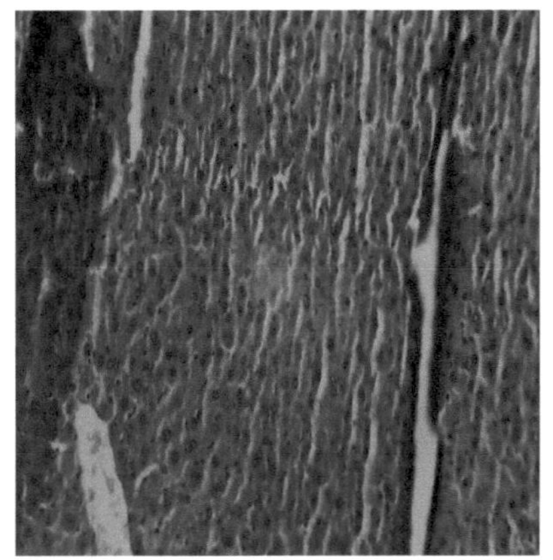
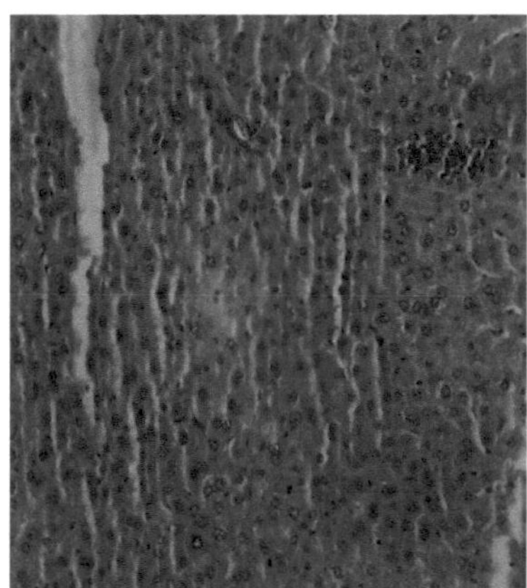

Extrato normal tratado

Eac tratado

5.5Actividade antimicrobiana (Quadro 12)

A atividade antimicrobiana revelou uma formação de zona máxima no disco carregado com o extrato de clorofórmio-metanol quando comparado com o dos extractos de metanol e clorofórmio de *Ophiorrhiza rugosa* e *Ruta graveolens.* Os discos padrão de tetraciclina e vancomicina utilizados como controlos apresentaram resultados positivos para E. coli, respetivamente, e Bacillus subtili (quadros 13 e 14).

Ophiorrhiza rugosa

Tabela.13. Atividade antimicrobiana de *Ophiorrhiza rugosa*

Microorganismos	Bacillus subtilis (mm)	Escherichia coli (mm)
Amostra1	18.37±0.23	6.25±0.14
Amostra 2	24.37±0.23	18.125±0.125
Amostra 3	6.25±0.14	-
Vancomicina	20.125±0.125	-
Tetraciclina	-	20.25±0.144

Amostra 1: MT (extrato metanólico); Amostra 2: CMT (extrato metanólico de clorofórmio) e Amostra 3: CT (completamente polar). Os valores são expressos como média±SEM

Quadro 14. Atividade antimicrobiana de *Ruta graveolens*

Microorganismos	Bacillus subtilis (mm)	Escherichia coli (mm)
Amostra1	11.3±0.06	1.86±0.03
Amostra 2	15.0±0.06	1.96±0.03
Amostra 3	8±0.06	-
Vancomicina	18±0.03	-
Tetraciclina	-	2.06±0.03

Amostra 1: MT (extrato metanólico); Amostra 2: CMT (extrato metanólico de clorofórmio) e Amostra 3: CT (completamente polar). Os valores são expressos como média±SEM

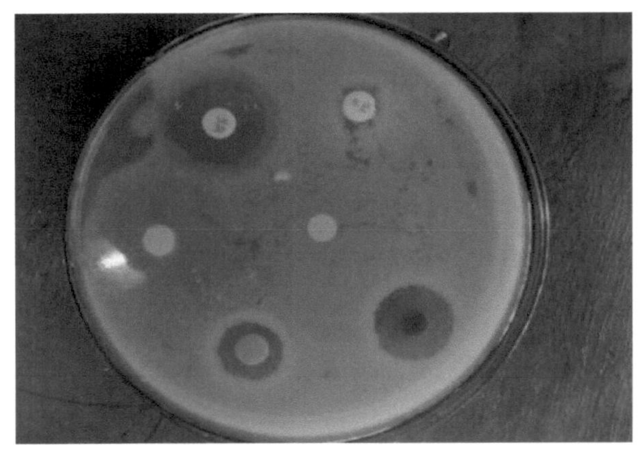

O.rugosa

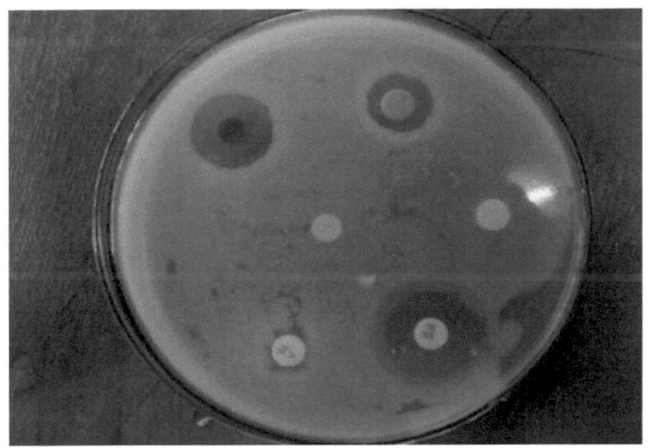

R.graveolens

CONCLUSÃO

Os estudos *in vivo* do extrato da raiz e da folha (extrato de clorofórmio-metanol) de *Ophiorrhiza rugosa* e *Ruta graveolens*, respetivamente, mostraram o efeito inibidor no crescimento do tumor nos ratos induzidos por EAC, exibindo assim a propriedade anticancerígena.

A inibição da formação da zona no que diz respeito à atividade antimicrobiana foi observada em relação ao extrato de clorofórmio-metanol, o que confirmou a propriedade antimicrobiana de ambas as plantas medicinais.

A análise fitoquímica parcial mostrou claramente que as fracções têm vários componentes, como alcalóides, terpenóides e fenóis, que podem ter contribuído para o efeito anticancerígeno. A presença de compostos naturais, os alcalóides, é muito significativa, uma vez que têm um efeito citotóxico potente no EAC.

O estudo dos parâmetros hematológicos e histológicos também deu resultados encorajadores que apoiam a eficácia dos extractos.

Todos estes dados provam que os fitoquímicos presentes na fonte acima mencionada podem ser explorados para o desenvolvimento de um novo medicamento terapêutico contra o cancro.

RESUMO

- Foi feito um fracionamento fitoquímico do extrato de raiz e de folha de *Ophiorrhiza rugosa* e *Ruta graveolens* e foi recolhido o extrato de clorofórmio-metanol (CMT).

- A presença de compostos fitoquímicos como alcalóides, esteroides-alcalóides, fenóis, flavonóides, sapogeninas e antioxidantes foi detectada pelo método do tubo de ensaio, cromatografia de camada fina e análise espectrofotométrica UV.
- Indução do tumor líquido em ratinhos albinos suíços por transplante intraperitoneal de células do carcinoma ascítico de Ehrlich (EAC).

- Foram realizados estudos de toxicidade aguda para estudar o efeito tóxico do extrato bruto em ratos albinos suíços com doses crescentes de 50mg/kg de peso corporal a 2000mg/kg de peso corporal.

- Administração do extrato clorofórmico-metanólico a ratinhos portadores de tumores a intervalos regulares de 24 horas.

- Observação e registo do peso dos ratos, do tempo médio de sobrevivência e do aumento percentual do tempo de vida para correlacionar o efeito anti-tumoral. Não se registou qualquer aumento de peso. No entanto, observou-se um aumento significativo ($p>0,1$) no tempo de vida dos ratos tratados com extrato de clorofórmio-metanol quando comparados com o controlo.

- Os parâmetros hematológicos, como as contagens de hemácias e de leucócitos, indicaram um aumento na contagem de leucócitos dos ratos tratados com extrato de clorofórmio-metanol quando comparados com o controlo.

- Os estudos histopatológicos do fígado revelaram necrose nos ratos de controlo, o que determinou o efeito citotóxico do extrato, mas não revelaram absolutamente nenhum efeito necrótico nos ratos induzidos por EAC injectados com o extrato de clorofórmio-metanol.

BIBILIOGRAFIA

1. Ashwini Prabhu e M Krishnamoorthy "Anticancer activity of Trigonella foenum-graecum on Ehrlich Ascites carcinoma in Mus musculus system": Journal of Pharmacy Research 2010, 3(6),1181-1183.
2. Acumulação de camptotecina em O.rugosa var. prostrate do norte dos ghats ocidentais, correspondência científica.

3. Cragg.GM e Newman D J , "Natural products in drug discovery and development" J Nat prod 1997; 60: 52-60,doi:10.102/np 960- 4893.

4. Hamilton E: "The flora homeopathica:illustrations and descriptions of the medicinal plants used as homeopathic remedies", B Jain publishers, New Delhi, pp443-447 , 1982

5. Harborne JB, "Phytochemical methods", Londres: Chapman and Hall.1998,36.

6. Khalda Fadallala , "R.graveolens extract induces DNA damage pathways and block Akt activation to inhibit cancer cell proliferation and survival" department of pathobiology a and department of biology and Tuskegee university, 2011, 31: 233-242.

7. Khuda -Bukhsh AR e Maity S: "Alterações dos efeitos citogenéticos pela administração oral de um medicamento homeopático, R,graveolans, em ratos expostos a radiação X subletal". Prespective cytol Genet 7:727-734 , 1992.

8. Kinghorn Douglas .A, "Plant secondary metabolites has potential anticancer agents and cancer chemopreventives", Programa de investigação em colaboração nas ciências farmacêuticas e departamento de química medicinal e farmacognosia, faculdade de farmácia, universidade de Illinois em Chicago.

9. Lauk L , Flores M, Ragusa S, Rapisarda A, Greco A.M " Antimycotic acticvity of R.chalapensisL",department of

microbiological science and gynoecological scienceuniversity of Catania .

10. Lini H e Eilort U "Compostos mutagénicos num extrato de R.graveolans L.I , a mutagenecidade é parcialmente causada por alcalóides furanoquinolinas".Mutagenesis 1982; 2:271- 273.

11. M. Bazratkan " Efeito do extrato aquoso de R.graveolens na espermatogénese de ratos adultos", Revista Internacional de Farmacologia 6(6) :926-929, 2010.

12. Miller AL "Antioxidant flavonoids :structure, function and clinical usage", Alt med Rev 1:103-111,1996.

13. Pathak S and Multani SA "Ruta6 selectively induces cell death in brin cancer cells but proliferation in normal peripheral blood lymphocytes: Um novo tratamento para o cancro do cérebro humano. Int J oncol, 2003; 23: 975-982.

14. PinkeePandey "Evaluation of antimicrobial activity of R.graveolens extracts by discdiffusion method" Lab of plant biotechnology department of botany, school of biological and chemical sciences, Dr HS Gour central university, sagar ,2011, 3(3):92-95.

15. Ragav SK e Gupta B "Antiinflammattory effect of R. graveolans L in murine macrophage cells J ethnopharl, 2006, 104:234-239.
Artigo de investigação; ISSN: 0974-6943.

16. Rethy B e Zupko I "Ivestigation of cytotoxic activity on human cancer cell lines of arboriline and furanoacridones isolated from R.graveolans". Planta Med 2007;7 :41-48.

17. Riddle J : "Contraception and abortion from the ancient world to the middle ages" Harvard university press, Cambridge, 1992.

18. SANTOSH kumar H Dongre "Antitumor Activity of the Methanol Extract of Hypericum hookerianum stem against Ehrlich

Ascites carcinoma in Swiss albino mice" departamento de química farmacêutica, JSS college of pharmacy ,Rocklands Ootacamund ,Tamilnadu, India, 103, 354- 399 ,2007.

19. Shabana MM, TS EL-Alfy,A.I Ibrahim" Tissue culture and evaluation of some active constituents of R.graveolans L :effect of plant growth regulators , explants typeand precursors on ,coumarin content of R.graveolens L callus cultures "Genetic engineering and biotechnology research institute ,Menofia university, sadat city Egypt ,2001.

20. Thapa RK "Rutin in : Cultivation and utilisation of medicinal plants" regional Res lab, CSIR Jammu Tawi, India, pp321 -328,1982.
21. Varamini,P ,Soltani M, and Ghaderi A "Cell cycle analysis and cytotoxic potential of R.graveolans against human tumor cell lines", Shiraz Institute for cancer research, doi:10.4149/neo_2009_06_490.
22. Varian Carry 50 Series- Espectrofotómetro-E136uvvis.pdf.

23. Vineesh VR " Efeito da N^6 -Benzil amino purina e do ácido naftalenoacético na produção de camptotecina através da propagação in vitro de O.rugosa Wall. Var. decumbens (Garden .ex Thw} Deb $ Mondal.

24. Wolters "Antimicrobial substance in callus culture of R.graveolens",planta med, 1981 43,166-174.

25. Wood VH "Flowering plants of the world" Londres: Oxford university press 1998, 190-204.

26. Wuts "Cytotoxin and antiplatelet aggregation principles of R.graveolans", journal of the Chinese chemical society 2003 ;50:171-178.

Análise da atividade antioxidante e dos inibidores da fosfolipase A_2 (PLA_2) de *Mimosa pudica*

Introdução :

Os produtos à base de plantas têm sido uma fonte eficaz de medicamentos tradicionais e modernos que são amplamente utilizados para tratar vários problemas médicos. A Índia é rica em biodiversidade, que inclui o conhecimento indígena dos curandeiros tradicionais. A Índia, ao longo da sua longa história, acumulou um rico conjunto de conhecimentos empíricos sobre a utilização de plantas medicinais para o tratamento de várias doenças. Os estudos químicos das plantas medicinais indianas constituem um material importante para a deteção e o desenvolvimento de novos medicamentos de origem natural. Nos últimos anos, os metabolitos secundários das plantas (fitoquímicos), anteriormente com actividades farmacológicas desconhecidas, têm sido amplamente investigados como fonte de agentes medicinais (Krishnaraju et al., 2005). Assim, prevê-se que os fitoquímicos com eficácia antibacteriana adequada sejam utilizados para o tratamento de infecções bacterianas (Balandrin et al., 1985). Por conseguinte, devem ser realçados mais estudos relativos à utilização desta planta como agentes terapêuticos. Ao contrário dos medicamentos sintéticos, os antimicrobianos de origem vegetal não estão associados a muitos efeitos secundários e têm um enorme potencial terapêutico para curar muitas doenças infecciosas (Iwu et al.,2005).

A utilização de plantas como medicamento é uma prática antiga comum a todas as sociedades, especialmente à sociedade africana. Esta prática continua a existir nos países em vias de desenvolvimento. É nesta base que os investigadores continuam a trabalhar em plantas medicinais com o objetivo de produzir os melhores medicamentos para usos fisiológicos (HUsman e Osuji 2007). Os medicamentos à base de plantas envolvem a utilização de plantas para fins medicinais. O termo Erva inclui folhas, flores, frutos, sementes, raízes, rizomas e casca (N.Gandhiraj et.al, 2009). Os remédios à base de plantas são utilizados há décadas e séculos. Antes da descoberta e disponibilidade de medicamentos sintéticos modernos, os seres humanos estavam completamente dependentes das ervas medicinais para a prevenção e tratamento de doenças. As pessoas que se encontram abaixo do limiar da pobreza e que não podem pagar os elevados custos dos medicamentos sintéticos comerciais das farmácias optam pela utilização de plantas locais ao seu alcance. Estas plantas podem ser encontradas à volta dos seus quintais, campos de arroz, jardins, bermas de estradas e rios. Estas podem ser obtidas prontamente, a baixo custo e implicam uma preparação e aplicação fáceis (Susana P. Racadio, et.al.2008). São fontes ricas de compostos bioactivos e, por isso, servem como matérias-primas importantes para a produção de medicamentos (A.Akter et.al.2010).

Acredita-se que várias plantas medicinais, que aparecem em receitas antigas de medicamentos ou que foram transmitidas pela tradição oral, são antídotos para a mordedura de cobra. Muitas plantas medicinais indianas são recomendadas para o tratamento de mordeduras de cobras. Alguns destes extractos de plantas demonstraram propriedades antivenenosas em serpentes terrestres, tendo sido sugerido o seu possível mecanismo de ação. Em quase todas as partes do mundo, onde ocorrem serpentes venenosas, numerosas espécies de plantas são utilizadas como medicina popular para tratar a mordedura de serpentes (Subramani Meenatchisundaram et.al .2009).

Foram publicados vários estudos fitoquímicos, incluindo a abordagem de amostragem aleatória que envolveu alguns acessos de plantas recolhidos em todas as partes do mundo. As principais substâncias químicas de interesse nestes estudos foram os alcalóides e as sapogeninas esteroidais, no entanto, foram também comunicados outros grupos diversos de fitocomponentes naturais, como os flavonóides, os taninos, os esteróis insaturados, os triterpenóides, os óleos essenciais, etc. Atualmente, existe uma base populacional global grande e em constante expansão que prefere a utilização de produtos naturais no tratamento e prevenção de problemas medicinais, uma vez que as plantas à base de plantas provaram ter um recurso rico em propriedades medicinais.

As fosfolipases A2 (PLA2,EC 3.1.1.4) são isoenzimas que hidrolisam o éster sn-2 dos glicerofosfolípidos para libertar um ácido gordo livre e um lisofosfolípido. Com base no local de clivagem, as fosfolipases são classificadas como fosfolipasesA1, fosfolipasesA2, fosfolipasesB, fosfolipasesC, fosfolipases D. As fosfolipasesA1 clivam a ligação éster SN1 dos fosfolípidos, as fosfolipases A2 a ligação éster SN2, enquanto as fosfolipases C e D clivam o grupo cabeça antes e depois do grupo fosfato, respetivamente.

A família PLA2 é maior do que as famílias das fosfolipases C e D e é composta por PLA2 extracelular (sPLA2s) e PLA2 intracelular (Valentin E, Lambeau G. 2000. Biochim. Biophys. Ata 1488:59-70 e Schaloske RH, Dennis EA. 2006. Biochim. Biophys. Ata 1761:1246-59). Existe também uma classe de PLA2 que hidrolisa o fator de ativação plaquetária (PAF) e os lípidos oxidados, denominada PAF acetil-hidrolases (PAF-AH) [D.A. Six, E.A. Dennis, The expanding family of phospholipase A2 enzymes: classification and characterization, Biochim. Biophys. Ata 1488 (2000) 1-19.)(J. Balsinde, M.A. Balboa, P.A. Insel, E.A. Dennis, Regulation and inhibition of phospholipase, Annu. Rev. Pharmacol. Toxicol. 39 (1999).

A PLA2 segregada inclui todas as formas extracelulares de fosfolipase A2 que foram isoladas de diferentes venenos (cobra, abelha e vespa), de praticamente todos os tecidos de mamíferos estudados (pâncreas e rim), bem como de bactérias, sendo o Ca^{+} necessário como cofator absoluto. A PLA2 pancreática serve para a digestão inicial do composto fosfolipídico na gordura da dieta. A fosfolipase do veneno ajuda a imobilizar a presa promovendo a lise celular. As PLA2 intacelulares também são dependentes de $Ca2^+$, mas têm uma estrutura 3D completamente diferente e são significativamente maiores do que as PLA2 segregadas (mais de 700 resíduos). Estas estão envolvidas em processos de sinalização celular, como a resposta inflamatória. O ácido araquidónico produzido é uma molécula de sinalização e precursor de outras moléculas de sinalização denominadas eicosanóides, que incluem leutrienos e prostagladina. A estrutura primária da fosfolipase foi registada em várias fontes, incluindo o pâncreas de mamíferos, o veneno de cobra e o veneno de abelha (Evenberg, A., Meyer, H., Gaastra, W., Verheij, H. M. e deHaas, G. H. (1977) J. Biol. Chem. 252, 1189-1196. Fleer, E. A. M., Verheij, H. M., e de Haas, G. H. (1978) Ear). Trata-se de isoenzimas com a mesma estrutura mas com funções diferentes. A enzima pancreática é segregada como um precursor inativo. O heptapeptídeo NHZ-terminal do zimogénio é libertado (ll), resultando na formação da fosfolipase A2 ativa.

Até à data, existem 11 formas de sPLA2 de mamíferos, classificadas nos grupos IB, IIA, IIC, IID, IIE, IIF, V, X, III, XIIA e XIIB, de acordo com a sua origem, semelhança de sequência e massa molecular, bem como especificidade de substrato. As sPLA2 apresentam uma expressão específica para cada tecido e espécie, o que sugere que o seu comportamento e funções celulares são diferentes. Está bem estabelecido que algumas sPLA2 participam numa variedade de processos patológicos através da libertação de ácido araquidónico dos fosfolípidos da membrana, levando à produção de vários tipos de mediadores lipídicos pró-inflamatórios, tais como prostaglandinas, tromboxanos e leucotrienos [P.N. Bernatchez, M.V. Winstead, E.A. Dennis, M.G. Sirois, Stimulation of endothelial cell PAF synthesis is mediated by group V 14 kDa secretory phospholipase A2, Br. J. Pharmacol. 134 (2001) 197-205]. As sPLA2 não manifestam uma seletividade significativa de ácidos gordos in vitro. São enzimas lipolíticas dependentes de Ca2+ com uma ansa de ligação conservada de $Ca2^{+}$ e uma díade His-Asp no local catalítico [E. Valentin, G. Lambeau, Increasing molecular diversity of secreted PLA2 and their receptors and binding proteins, Biochim. Biophys. Ata 1488]. Para além disso, estas enzimas são proteínas de baixa massa molecular (~14 kDa) contendo 6-8 pontes dissulfureto conservadas com uma estrutura terciária rígida, que confere estabilidade contra a proteólise e resistência à desnaturação. Apenas a sPLA2-IB e -X têm um pré-propeptídeo N-terminal e a clivagem proteolítica deste pré-propeptídeo é o passo regulador para a geração de uma enzima ativa (H. Tojo, T. Ono, S. Kuramitsu, H. Kagamiyama, M. Okamoto, A phospholipase A2 in the supernatant fraction of rat spleen. Its similarity to rat pancreatic phospholipase A2, J. Biol. Chem. 263 (1988)].

A sPLA2-IB foi encontrada em grandes quantidades no pâncreas e a sua principal função é a digestão de lípidos da dieta [G.H. De Haas, N.M. Postema, W. Nieuwenhuizen, M. Van Deenen,Purification and some properties of anionic zymogen of phospholipaseA2 from porcine pancreas, Biochim. Biophys. Ata 159 (1968) 118-129]. Esta enzima é segregada como um zimogénio inativo e é activada após a clivagem da ligação pentapeptídica da pró-forma pela tripsina na forma madura [G.H. De Haas, N.M. Postema, W. Nieuwenhuizen, M. Van Deenen,Purification and some properties of anionic zymogen of phospholipaseA2 from porcine pancreas, Biochim. Biophys. Ata 159 (1968) 118-129]. Mais recentemente, esta enzima foi identificada e clonada noutros tecidos, como o pulmão, o baço, o rim e o ovário [M.Murakami,Y. Nakatani,G.Atsumi,K. Inoue, I. Kudo,Regulatory functions of phospholipase A2, Crit. Rev. Immunol. 17 (1997) 225-283], e foi agora proposta a sua participação em várias respostas fisiológicas e fisiopatológicas, tais como a proliferação celular, a contração celular, a libertação de mediadores lipídicos, a lesão pulmonar aguda e o choque endotóxico. sPLA2-IB é também conhecida como PLA2 de tipo pancreático. É sintetizada pelas células acinares pancreáticas e, após a secreção como zimogénio no suco pancreático, um heptapeptídeo N-terminal do zimogénio inativo é clivado pela tripsina para produzir uma enzima ativa no duodeno. A sPLA2-IB também é altamente expressa no estômago e está presente em níveis mais baixos no pulmão, baço, fígado, cólon e olhos. Foram identificados receptores para esta enzima em vários tecidos e, atualmente, é referido que a PLA2 do grupo IB desempenha um papel na proliferação celular e na libertação de hormonas através destes receptores em tecidos não digestivos.

Os objectivos do presente estudo são:

- Recolha da amostra.
- Extração e estudo qualitativo dos fitoquímicos.
- Atividade antioxidante de extractos de plantas.
- Isolamento e padronização da fosfatidilcolina (Lecitina) do ovo.
- Isolamento e caraterização da PLA2 do pâncreas porcino.
- Quantificação da lecitina.
- Quantificação de proteínas
- Rastreio da inibição da PLA2 a partir de extractos de plantas.
- Efeito do pH na PLA2.
- Efeito da temperatura na PLA2.

Revisão da literatura

Mimosa pudica

Classificação científica

Reino :Plantae

Encomenda :Fabales

Família : Fabaceae

Subfamília: Mimosoideae

Género :*Mimosa*

Espécie :*pudica*

Nomes vulgares: planta sensível, planta humilde, planta vergonhosa, erva do sono, não me toques, mimosa tímida, planta que me faz cócegas.

A Mimosa pudica é uma erva rasteira anual ou perene com 45-90 cm de altura. Pertence à família Fabaceae. A Mimosa pudica é nativa do Brasil, mas é atualmente uma erva daninha tropical e subtropical comum. Em hindi é chamada de Lajavanthi ou Chui-mui. Folhas compostas bipinadas, pinadas 2-4, dispostas digitalmente com 10-20 pares de folíolos, ráquis revestida de cerdas ascendentes. As flores são cor-de-rosa, em cabeças globosas, pedúnculos espinhosos, geralmente em pares auxiliares ao longo dos ramos. Os frutos são constituídos por cachos de 2-8 vagens de 1-2 cm de comprimento cada, espinhosas nas margens. As vagens partem-se em 2-5 segmentos e contêm sementes achatadas, castanhas claras, com 2,5 mm de comprimento. O caule é ereto nas plantas jovens, mas torna-se rasteiro com a idade. As pétalas das flores são vermelhas na sua parte superior e os filamentos são cor-de-rosa a lavanda (N.Gandhiraja, et.al, 2009, Susana P.Racadio, et.al, 2008, Millind Pande, et.al, 2010).

A Mimosa pudica é bem conhecida pelo seu movimento rápido. A planta mostra um movimento peculiar conhecido como movimento NYCTYNASTIC, ou seja, os folhetos dobram-se durante a noite e as folhas inteiras caem para baixo, reabrindo depois ao sol. As folhas também se fecham sob vários outros estímulos, como o toque, o aquecimento, o abanar e o sopro. Os arbustos podem também transmitir-se às folhas vizinhas. Este tipo de movimento é designado por movimento SEISMONÁSTICO. (S.Kannan,et.al,2009).

A Mimosa pudica fecha rapidamente as suas folhas e dobra os seus pecíolos para baixo em resposta a estímulos mecânicos, eléctricos ou térmicos. Foi referido que o citoesqueleto de actina está envolvido no movimento de flexão, uma vez que tanto a citocalasina B como a faloidina inibem o movimento. A flexão ocorre no pulvino, que é um órgão motor localizado na base do pecíolo ou da folha. A perda súbita da pressão de turgor na região ventral do pulvino resulta na rápida flexão do pecíolo. Também foi referido que existem outros factores que podem regular o citoesqueleto de actina durante o movimento de flexão, nomeadamente as proteínas moduladoras de actina. É possível que estas proteínas alterem a organização do citoesqueleto de actina nas células do parênquima do pulvino em resposta a sinais intracelulares, o que conduz aos movimentos de flexão.(Sawako Yamashiro, Kazuhisa Kameyama, Nobuyuki Kanzawa, Toru Tamiya, Issei Mabuchi, Takahide Tsuchiya, 2001

Também foi relatado que os extractos de raiz de Mimosa pudica promoveram a atividade de cicatrização de feridas (S.Kanan, S.A.V.Jesuraj, E.S Jeev Kumar,K.Saminathan, R,Suthakaran, M.RaviKumar, B.P.Devi,2009). Também foi registada em 1969 por Robert D.Allen. Esta planta tem um historial de utilização para o tratamento de várias doenças e as partes mais utilizadas para este fim são a raiz, mas as flores, a casca e o fruto também podem ser utilizados. Foi relatado que o extrato metanólico de Mimosa pudica mostrou a presença de fitocomponentes máximos e atividade antimicrobiana contra Aspergillus fumifatus, Citrobacter diversens e Klebsiella pneumonia em diferentes gamas de concentração (N. Gandhiraja, S.Sriram, V.Meenaa, J.Kavitha, R.Rajeswari, 2009).

A cicatrização de feridas tem sido uma das áreas de investigação mais importantes, uma vez que a gestão atual não é capaz de inverter rapidamente o estado normal. Os remédios fitoterapêuticos estão estabelecidos como agentes que aceleram os processos de cicatrização de uma variedade de feridas. Descobriu-se que a decocção das folhas de Mimosa pudica tem actividades anticonvulsivas (também foi descoberto em 2009 por Rekha Rajendran, et.al.) e antibacterianas. O extrato de raiz de Mimosa pudica possui um efeito antifertilidade e também produz um antidepressivo. As actividades da hialuronidase e da protease do veneno da cobra indiana são inibidas de forma dependente da dose pela raiz aquosa da Mimosa pudica (também relatada em 2005 por A.M.Soares, F.K.Ticli, S.Mercussi, M.V.Lourenco). O extrato de Mimosa pudica também foi relatado como possuindo a propriedade antioxidante. Tradicionalmente, as raízes de Mimosa pudica são consideradas como um dos remédios para o tratamento de feridas, especialmente estacas. Acredita-se que pára a hemorragia e acelera o processo de cicatrização de feridas. O extrato clorofórmico e metanólico de Mimosa pudica possui uma atividade potente de cicatrização de feridas (Jelo Paul, Saifulla Khan, Syed Mohammed Basheeruddin Asdaq, 2010)

Uma decocção da raiz da planta é considerada útil no cascalho e noutras queixas urinárias. Uma pasta das folhas é aplicada a inchaços glandulares. O sumo das folhas é utilizado em pensos para os seios nasais e também numa aplicação para feridas e hemorróidas. O sumo das folhas é utilizado no tratamento da diabetes mellitus. A raiz tem propriedades contraceptivas. A decocção das folhas mostrou uma reação diurética moderada em ratos albinos e cães. As sementes mostraram atividade nematicida contra os juvenis da segunda fase de meloidogyne incognita chitwood. A atividade antidepressiva da Mimosa pudica (pó de raiz) foi estudada por Molina.

Valsala relatou a atividade sobre o ciclo estral e a ovulação em ratos fêmeas em ciclo. Foi relatado que as sementes produzem sitosterol (P.Muthumani, R.Meera, P.Devi, L.V.Seshukumar, Sivaram.M, R.Badmanaban 2010). O extrato aquoso de raízes secas de Mimosa pudica mostrou atividade inibitória sobre a letalidade, atividade fosfolipase, atividade de formação de edema, atividade fibrinolítica e atividade hemorrágica dos venenos de Naja naja e Bangarus caerulus (Subramani Meenatchisundaram, S. Priyagrace, R.Vijayaraghavan, A Velmurgan, .2009)

A estirpe bacteriana MSSP foi isolada de nódulos radiculares de Mimosa pudica esterilizados à superfície. A MSSP era um bastonete gram-negativo, capsulado, móvel, não formador de endosporos, com capacidade de fixação de azoto. A análise filogenética do 16S rDNA demonstrou que a MSSP pertence ao género Burkholderia (Piyush Pandey, S.C.Kang e D.K. Maheshwari, 2005).

Verificou-se que a atividade dos antioxidantes enzimáticos, como a superóxido dismutase, a peroxidase, a catacol oxidase e a lacase, estava presente no extrato da planta de Mimosa pudica. Verificou-se que a atividade da superóxido dismutase era máxima na amostra de folhas, seguida da polifenol oxidase. A atividade da peroxidase foi menor quando comparada com a da superóxido dismutase. *A Mimosa pudica é* utilizada na medicina herbal devido ao seu potencial para eliminar os radicais livres. Foi relatado que o extrato aquoso mostrou uma atividade de eliminação máxima do que os outros extractos de solventes. A administração do extrato de folhas de *M.pudica* juntamente com a toxina etanol em ratos mostrou uma proteção considerável contra o stress oxidativo induzido pela toxina e os danos no fígado (redução do nível de peroxidação lipídica em ratos alimentados com álcool) e foi dito que os extractos orgânicos mostram uma atividade antibacteriana máxima (Nazeema et.al. 2009).

Um estudo sobre a M.pudica sugere várias utilizações terapêuticas da planta, tais como diurético, antiespasmódico, alexifármico, resolvente, emético, obstipante e febrífugo. São úteis em condições viciadas de pitta, leucodermia, vaginopatia, metropathy, úlceras, disenteria, inflamações, sensações de ardor, hemorróidas, iterícia, asma, fístula, raposa pequena, estrangúria, febres. As folhas são amargas, sudoríficas, tónicas e são úteis na hidrocele, escrófula, conjuntivite, cortes de feridas e hemorragias (Milind Pande, Anupam Pathak, 2010).

As propriedades de libertação sustentada da mucilagem de sementes de M.pudica foram comunicadas em 2009 (declofenac de sódio como fármaco modelo). As sementes de M.pudica produzem mucilagem, que é composta por d-xilose e ácido d-glucorónico. A mucilagem das sementes de Mimosa hidrata-se e incha rapidamente ao entrar em contacto com a água (Kuldeep Singh, Ashok Kumar, N. Langyan, M. Ahuja, 2009). A mimosina é um alcaloide tóxico, um alfa-aminoácido não proteico (ácido 5α amino 3 hidroxi 4 oxo 1H(H) piridina propiónico), conhecido por causar queda de cabelo e crescimento deprimido em mamíferos. Os derivados de mimosina, α espinasterol e fenil etilamina foram comunicados pela primeira vez a partir da Mimosa pudica em 2010 e também se provou que tem uma ação inibidora sobre a enzima amilase e a urease (P.Muthumani, R.Meera, P.Devi L.V Seshu KumarKoduri, S.Manavarthi, R.Badmanaban, 2010).

A atividade antiulcerosa da Mimosa pudica foi relatada em 2010. Foi avaliado que o extrato de metanol da planta foi significativamente eficaz na proteção da mucosa gástrica contra úlceras induzidas por aspirina. A atividade antiúlcera dos extractos de Mimosa pudica na ligadura do piloro foi evidente pela sua redução significativa do volume gástrico, da acidez total, da acidez livre, do índice de úlcera e do aumento do pH do suco gástrico. Os animais tratados com extractos de mimosa pudica inibiram significativamente a formação de úlcera do piloro no estômago. Os estudos fitoquímicos preliminares revelaram a presença de flavonóides nos extractos metanólicos, pelo que concluíram que a atividade antiulcerosa pode dever-se a este teor de flavonóides, uma vez que vários flavonóides foram relatados pela sua atividade anti-ulcerogénica com um bom nível de proteção gástrica (G.Vinothapooshan e K.Sundar, 2010).

A Mimosa pudica é tradicionalmente utilizada no sistema de medicina indiana para o tratamento da diabetes. Utilizou-se o extrato etanólico e de éter de petróleo da Mimosa pudica e comparou-se com o medicamento antidiabético padrão Metformina (500mg/kg), utilizou-se o método da glucose oxidase ou peroxidase para a determinação do nível de glucose no plasma. Verificou-se que o extrato etanólico de M.pudica (folha) mostrou uma diminuição significativa do nível de glicose no sangue. O extrato da casca do caule da mimosa pudica foi descrito para o tratamento de pacientes hiperglicémicos (N.G.Sutar, U.N.Sutar, B.C.Behera, 2009).

A atividade hepatoprotectora do extrato metanólico da folha de Mimosa pudica foi relatada em 2009. Foi estudado o efeito hepatoprotector utilizando danos no fígado induzidos por canbontetracloreto em ratos albinos. O extrato metanólico mostrou um efeito hepatoprotector significativo ao reduzir os níveis séricos de vários parâmetros bioquímicos (SGPT, SGOT, TBL, CHL, ALP, ALB, TPTN) no modelo selecionado. Isto foi confirmado por exames histopatológicos de secções do fígado e foi comparado com o medicamento padrão silimarina (controlo positivo). Os resultados globais sugerem que os fitocomponentes biologicamente activos, tais como flavonóides, alcalóides e glicosídeos presentes no extrato metanólico, podem ser responsáveis pela atividade hepatoprotectora (Rekha Rajendran, et.al, 2009).

O extrato clorofórmico das folhas de Mimosa pudica foi analisado quanto à sua atividade hipolipidémica. A atividade hipolipidémica é analisada através da indução de hiperlipidemia com a ajuda de uma dieta aterogénica em ratos albinos wistar e foram determinados os níveis séricos de vários parâmetros bioquímicos, tais como colesterol total, triglicéridos, LDL, VLDL e colesterol HDL.O extrato clorofórmico mostrou um efeito hipolipidémico significativo ($p < 0,05$) ao baixar os níveis séricos de parâmetros bioquímicos, tais como uma redução significativa do nível de colesterol sérico, triglicéridos, LDL, VLDL e um aumento do nível de HDL, que foi semelhante ao medicamento padrão Atorvastatina. O extrato clorofórmico apresentou um índice aterogénico significativo e uma percentagem de proteção contra a hiperlipidemia. Estas observações bioquímicas foram, por sua vez, confirmadas por exames histopatológicos de secções da aorta, do fígado e dos rins e são comparáveis com o medicamento hipolipidémico padrão Atorvastatina. Os resultados experimentais globais sugerem que os fitoconstituintes biologicamente activos, tais como flavonóides, glicosídeos e alcalóides presentes no extrato clorofórmico de Mimosa pudica, podem ser responsáveis pela atividade hipolipidémica significativa e podem ser utilizados como agente hipolipidémico.

A pesquisa bibliográfica global sobre a Mimosa pudica revelou ter várias utilizações terapêuticas, como atividade antibacteriana, atividade antioxidante, atividade de cicatrização de feridas, atividade antidiabética, atividade antifertilidade, antidepressivos, atividade de hialuronidase, atividade de protease, atividade de amilase, atividade de PLA2, atividade de formação de edema,atividade fibrinolítica, atividade hepatoprotectora, atividade anti-hiperglicémica, atividade antimicrobiana, atividade inibidora de enzimas, propriedade de libertação sustentada, atividade anticonvulsiva, atividade anti-hepatotóxica, atividade anti-úlcera, atividade hemorrágica, atividade antidiarreica, atividade antitoxina, antiemético. Utilizado para curar doenças da pele, preparações à base de plantas para doenças ginecológicas, bronquite, fraqueza geral, impotência, hemorragias nas hemorróidas, febre, garganta, fístula, hidrocele, conjuntivite, reumatismo, mialgia, dor de dentes, infecções urinárias, analgésico, antiespasmódico, alterante, sedativo, hipertensão, menorreia, rouquidão, pedras na bexiga, alívio da dor (extrato aquoso de etanol 1:1), ansiedade, etc.

MATERIAIS E MÉTODOS

Produtos químicos e materiais utilizados no estudo:

Todos os produtos químicos utilizados no estudo eram de grau analítico, adquiridos localmente à SRL, SIGMA, MERK, ALDRICH.

Recolha da amostra: A amostra foi recolhida nos Ghats Ocidentais de Karnataka.

Extração das amostras

As raízes das plantas foram secas à sombra, em pó e extraídas com diferentes solventes (metanol, clorofórmio, clorofórmio-metanol). A extração da amostra foi feita de acordo com o método de J.Harborne (análise fitoquímica de J.Horborne).

Análise qualitativa de fitoquímicos:

Flavonóides

Foi efectuada uma cromatografia em camada fina utilizando clorofórmio:acetato de etilo:metanol (2:2:1) como sistema solvente e cloreto de alumínio a 2% como agente de desenvolvimento da cor.

Alcalóides

Foi efectuada uma cromatografia em camada fina utilizando ciclo-hexano:clorofórmio:dietilamina (50:40:10) como sistema solvente e o reagente de Dragandroff como agente de desenvolvimento da cor.

Alcalóides esteroidais

Foi realizada uma TLC utilizando clorofórmio:etanol:hidróxido de amónio a 1% (40:40:20) como sistema solvente e cloreto de antimónio111 como agente de desenvolvimento de cor.

Sapogenina

Foi efectuada uma TLC utilizando clorofórmio:metano:água (2:2:1) como sistema solvente e cloreto de alumínio a 2% como agente de desenvolvimento da cor.

Withaferin A

Foi efectuado um TLC utilizando clorofórmio:acetato de etilo:metanol:benzeno (70:4:8:24) como sistema solvente e anisaldeído como agente de desenvolvimento de cor.

Antioxidantes

Foi efectuada uma TLC utilizando hexano:ácido acético glacial (80:20) como sistema solvente e cloreto de alumínio a 2% como agente de desenvolvimento da cor.

Rastreio fitoquímico:

Pesquisa de alfacaloides

0,5 g do extrato foi misturado com algumas gotas do reagente de Dragandroff, um precipitado castanho-avermelhado foi considerado como positivo para a presença de alcalóides.

Pesquisa de flavonóides

0,5 g do extrato foi aquecido com 10 ml de acetato de etilo num banho de vapor durante 3 minutos, depois filtrou-se a mistura e 4 ml do filtrado foram diluídos com 1 ml de amoníaco e agitou-se bem. Uma coloração amarela indica a presença de flavonóides.

Teste para fenólicos

0,5 g de extrato foi tratado com cloreto férrico etanólico a 10%. Os compostos fenólicos foram considerados presentes quando se observou uma mudança de cor para verde azulado ou azul escuro.

Pesquisa de terpenóides (teste de Salkowski)

Misturou-se 0,5 g de extrato com 2 ml de clorofórmio e adicionou-se cuidadosamente ácido sulfúrico concentrado (3 ml) ao longo dos lados do tubo de ensaio para formar uma camada. Uma coloração castanha avermelhada da interface indica a presença de terpenóides.

Teste da antraquinona (teste de Borntager)

Agitou-se 2 ml do extrato com 4 ml de hexano. A camada lipofílica superior foi separada e tratada com 4 ml de amoníaco diluído. Se a camada inferior mudar de violeta para cor-de-rosa, é indicada a presença de antraquinona

Teste para saponinas

Misturou-se 1 ml do extrato com 5 ml de água destilada. A solução foi agitada vigorosamente e observou-se a formação de uma espuma estável e persistente. A espuma foi misturada com 3 gotas de azeite e agitada, após o que se observou a formação de emulsões.

Teste de taninos

Cerca de 0,5 g de extrato foi fervido com 10 ml de água destilada e depois filtrado. Adicionaram-se algumas gotas de cloreto férrico a 0,1% e observou-se a coloração verde acastanhada ou preta azulada.

Teste para esteróides

1 ml do extrato foi tratado com 3 gotas de anidrido acético e uma gota de ácido sulfúrico concentrado. Uma mudança de cor de verde profundo para castanho a castanho escuro indica a presença de esteróides.

Pesquisa de glicosídeos cardíacos (teste de Keller-Killiani)

Misturaram-se 0,2 g de extrato com gotas de anidrido acético e adicionaram-se cuidadosamente 2 gotas de ácido sulfúrico concentrado ao longo do lado do tubo de ensaio. O aparecimento de um anel acastanhado entre as duas camadas formadas, com a camada ácida inferior a tornar-se azul-esverdeada ao repousar, indica a presença de glicosídeos cardíacos.

Estimativa da atividade antioxidante pelo método DPPH:

Princípio: O DPPH é um radical livre estável à temperatura ambiente. Se for dissolvido em álcool, a sua cor púrpura apresenta uma absorção caraterística a 515nm. A cor da solução de DPPH passa de púrpura a amarelo claro, o que resulta numa diminuição da absorvância. A atividade de eliminação de radicais (RSA) é inversamente proporcional à absorvância.

Procedimento :

Foi medida a diminuição do valor de absorção da solução de DPPH a 515nm após a adição do extrato da planta. A mistura de reação contém 1 ml de DPPH 0,004M, 2 ml de álcool absoluto e o extrato de planta. O controlo negativo foi preparado adicionando DPPH e o álcool. O controlo positivo foi o ácido ascórbico (vitamina C padrão). A absorvância foi registada a 515nm após 10 minutos de período de incubação à temperatura ambiente no escuro. O valor RSA foi determinado para cada amostra em cinco concentrações diferentes (1mg, 2mg, 4mg, 8mg, 16mg) 10 minutos após a preparação da mistura.

Isolamento e padronização da fosfatidilcolina (lecitina) do ovo:

A lecitina é o substrato para a padronização da enzima.

- Recolher a gema de ovo num copo de 250 ml, adicionar 50 ml de etanol e 25 ml de éter etílico e agitar vigorosamente durante alguns minutos, deixando repousar durante 15 minutos com agitação ocasional.
- Filtrar a suspensão através de um papel de filtro humedecido com álcool e recolher o filtrado num copo seco. Lavar o resíduo no papel de filtro com mais 15 ml de uma mistura de álcool e éter (2:1).
- Evaporar até à secura num banho de vapor e, após arrefecimento, dissolver o resíduo em 10 ml de éter etílico. Verter a solução de éter em 30 ml de acetona, lentamente e com agitação suave.
- Obtém-se um precipitado amarelo, que é filtrado e dissolvido em 20 ml de etanol.
- Adicionar 20 ml de solução alcoólica de cloreto de cádmio (solução saturada de cloreto de cádmio em etanol a 95%) e agitar, o sal de cádmio da lecitina precipita ao fim de 15 minutos, filtrar e secar o ppt ao ar.

- Esta pode ser convertida em lecitina antes de ser utilizada, dissolvendo-a em éter etílico e precipitando-a com acetona.

Isolamento e caraterização da PLA2 do pâncreas porcino (Frank M.et.al 1975)

Seleccionámos o pâncreas porcino como fonte de enzimas porque foi referido que é uma fonte rica em fosfolipase A2.

- O pâncreas suíno fresco foi recolhido e desengordurado com êxito.
- Homogeneizar com 0,1 ml de NaCl (3:1).
- Ajustar o pH a 4 com HCl concentrado.
- Em seguida, aquecer a 70◦c durante 3 minutos.
- Arrefecer imediatamente até 4◦c.
- Recolher o sobrenadante.
- Centrifugar durante 10 minutos a 4000 rotações/minuto.
- Filtrar e tratar com sulfato de amónio até à saturação de 55 e 77%.
- Centrifugar novamente como acima, recolher o precipitado e dissolvê-lo numa quantidade mínima de água.
- Adicionar o inibidor de tripsina (DFP) até à concentração final. Agitar durante 4 horas à temperatura ambiente.
- Mantido durante a noite - dialisar a 4◦c e depois liofilizar, finalmente obtivemos uma fosfolipase A2 a partir disso. Pode conter outros conteúdos como proteínas, fósforo. Isso foi estimado por diferentes métodos.

Quantificação da lecitina (método de Fiske Subbarao):

Este método destina-se a determinar a quantidade de fósforo presente na lecitina extraída.

Princípio: quando uma solução de fósforo reage com molibdato de amónio ou ácido molibdico em condições ácidas, obtém-se ácido fosfomolibdico. Este, após tratamento com o reagente ANSA (ácido amino naftol sulfónico), é reduzido a um complexo de cor azul. A intensidade da cor foi lida a 680nm.

Procedimento :

- O fósforo padrão foi recolhido num tubo de ensaio limpo e separado, com uma capacidade de 0,2-1 ml.
- O volume final foi aumentado para 8,6 ml com a adição de TCA a 10%.
- Foi adicionado a cada tubo de ensaio 1 ml de molibdato de amónio a 2,5% e 0,2 ml de ANSA.
- Deixar em repouso durante 8-10 minutos. De seguida, a absorvância foi lida a 680nm.

Quantificação de proteínas pelo método de Folin Lowry:

Princípio: é o método mais comummente utilizado para a determinação de proteínas em extractos livres de células. O CO-NH (ligação peptídica) numa cadeia polipeptídica reage com sulfato de cobre num meio alcalino para dar origem a um complexo de cor azul. A absorvância foi lida a 750nm.

Procedimento :

- A solução de proteína padrão foi recolhida (0,2-1ml) em tubos de ensaio limpos e secos.
- O volume foi aumentado para 1 ml por adição de água destilada.
- Adicionou-se a cada tubo 5 ml de sulfato de cobre alcalino.
- Incubar os tubos à temperatura ambiente durante 10 minutos.
- Após a incubação, adicionou-se 0,5 ml de reagente FC (Folin Ciocaltean) a todos os tubos.

- Em seguida, a DO foi registada a 750 nm e o gráfico da concentração versus absorvância foi traçado.

Atividade da PLA2 pelo método de Bhat e Gowda (1989):

Princípio: quando a fosfatidilcolina (lecitina) se hidrolisa na presença de PLA2, é convertida em lisofosfatidilcolina (lisolecitina) com libertação de ácidos gordos.

L-Lecitina + H_2 O -------------→L-Lisolecitina + Ácidos gordos

A atividade da PLA2 foi avaliada através da estimativa dos ácidos gordos livres libertados pela ação da enzima sobre a fosfotidilcolina do ovo, de acordo com o método de Bhat e Gowda,(1989).

Procedimento:

- A mistura típica de reação (1ml) continha 1µmole de PC de ovo, 0,3ml de éter dietílico, 40µmoles de cálcio em tampão Tris-HCl 50mM pH 7,5.
- A reação foi iniciada com a adição da enzima. A mistura da reação foi misturada adequadamente e incubada a 37◦C durante 1 hora.
- Para terminar a reação, adicionou-se 0,5 ml do reagente de Doles modificado (álcool isopropílico, éter de petróleo e 1 N H_2 $SO_{4;}$ 40:10:1,v/$v_)$).
- O conteúdo foi bem misturado e foi adicionado 1 ml de éter de petróleo, misturado e centrifugado a 5ooXg durante 5 minutos.
- Retirar 0,5 ml da camada orgânica superior e adicionar 0,8 ml de clorofórmio: éter de petróleo [5:1,v/v] e 0,5 ml de reagente de cobalto recentemente preparado (1,35 ml de trietanolamina + 8.65 ml de solução A (6 g de Co(NO) $6H_{32}$ O +0,8 ml de CH $glacial_3$ COOH

completados até 100 ml com solução saturada de $K_2 SO_4$) + 7 ml de solução B (solução saturada de Na_2 SO4)].

- O conteúdo foi misturado e centrifugado a 1200Xg durante 10 minutos. 0,5 ml da fase orgânica superior foi retirado e adicionou-se 0,75 ml de solução de α-nitroso-β-naftol (0,4% de α-nitroso-β-naftol em etanol a 96%, que foi diluído 12,5 vezes com etanol a 96%).
- Quando o α-nitroso-β-naftol reage com o reagente de cobalto, produz uma cor rosa claro. A intensidade da cor da solução é diretamente proporcional à quantidade de cobalto presente.
- Os conteúdos foram mantidos durante 30 minutos à temperatura ambiente e, em seguida, diluídos por adição de 2 ml de etanol a 96% e a absorvância foi lida a 540 nm.
- O ácido linoleico foi utilizado como padrão (0-1000nmoles). A atividade da PLA2 foi expressa em nmoles de ácido gordo libertado/min/mg de proteína.

Resultados:

Análise fitoquímica

Os extractos brutos (metanol, clorofórmio, clorofórmio-metanol) foram submetidos a uma análise fitoquímica preliminar para avaliar a presença de vários fitoconstituintes, que revelou a presença de alcalóides, flavonóides, taninos, fenólicos, glicosídeos cardíacos, terpenóides, esteróides e antraquinona, tendo-se verificado a ausência de saponinas. O quadro mostra os resultados da análise fitoquímica.

Atividade antioxidante :

No presente estudo, analisei os antioxidantes em diferentes extracções com solventes, utilizando o ácido ascórbico (vitamina C) como padrão. O ácido ascórbico é um dos compostos naturais com maior atividade antioxidante. A principal fonte de ácido ascórbico são os citrinos. A percentagem de inibição foi calculada para comparar o padrão e os extractos. O gráfico mostra claramente que os extractos de clorofórmio-metanol têm uma atividade antioxidante máxima do que os extractos de metanol e clorofórmio em comparação com o padrão. Os antioxidantes evitam a oxidação, prevenindo assim os danos celulares, podem ajudar a aumentar a função imunitária e possivelmente diminuir o risco de infeção e cancro. Existem em vitaminas, minerais e outros compostos nos alimentos. O consumo de mais antioxidantes ajuda a fornecer ao corpo ferramentas para neutralizar os radicais livres nocivos.

Caracterização da PLA2:

Quantificação de proteínas

A proteína presente na lecitina isolada (fosfatidilcolina) foi quantificada, a partir do gráfico é claro que a quantidade total de proteína presente na lecitina era de 1206µg/ml.

Quantificação da lecitina:

Isto é necessário porque a lecitina isolada pode conter alguns outros componentes que podem interferir na atividade da PLA2. Verificou-se que a quantidade de fósforo total presente na lecitina é de 126µg/ml.

Efeito do pH na atividade da enzima PLA2:

As enzimas são activas apenas numa gama limitada de pH e, na maioria dos casos, apresentam um pH ótimo definido. O pH ótimo pode dever-se a um verdadeiro efeito reversível sobre a própria velocidade ou a um efeito do pH sobre a afinidade da enzima pelo substrato ou ainda ao efeito do pH sobre a estabilidade da enzima. Verificou-se que a atividade da PLA2 é máxima a pH 7,5.

Efeito da temperatura na atividade da PLA2:

Todas as enzimas têm um intervalo de temperatura estreito para o seu funcionamento eficiente. Em geral, a taxa de reação catalisada por enzimas aumenta com o aumento da temperatura até um certo ponto. Neste estudo, verificou-se que a temperatura óptima era de 40◦C. A PLA2 é resistente a temperaturas mais elevadas.

Atividade e inibição da PLA2:

A atividade da PLA2 foi avaliada através da estimativa dos ácidos gordos livres libertados pela ação da enzima no substrato (fosfatidilcolina). A atividade da PLA2 em diferentes extractos foi comparada com o ácido linoleico padrão. No presente estudo, os extractos de clorofórmio-metanol (básico) apresentaram a atividade máxima de PLA2 em comparação com o padrão e verificou-se que a atividade inibidora de PLA2 era menor nos extractos de clorofórmio-metanol porque a atividade de PLA2 é inversamente proporcional à inibição.

Quadro 1: Análise fitoquímica

Fitocomponentes	Extrato metanólico	Extrato clorofórmico	Extrato clorofórmio-metanol
Alcalóides	+	+	+
Fenólicos	+	+	+
Flavonóides	+	+	+
Saponinas	–	–	–
Glicosídeos cardíacos	+	+	+
Taninos	+	+	+
Terpenóides	+	+	+
Antraquinona	–	–	–
Esteróides	+	+	+

Quadro 2: Atividade antioxidante

	1mg/ml	2mg/ml	4mg/ml	8mg/ml	16mg/ml
Vitamina C	98.43±0.0024	97.5±0.015	96.25±0.0024	95.62±0.0045	96.25±0.0031
Extrato metanólico	72.340.003	70.410.003	53.690.0024	40.52±0.0031	38.36±0.004
Extrato clorofórmico	0	11.25±0.004	7.39±0.007	54.02±0.002	56.27±0.006
Extrato clorofórmio-metanol	0	36.34±0.003	68±0.00	82.79±0.0004	82.64±0.0002

Fig:1 Atividade antioxidante

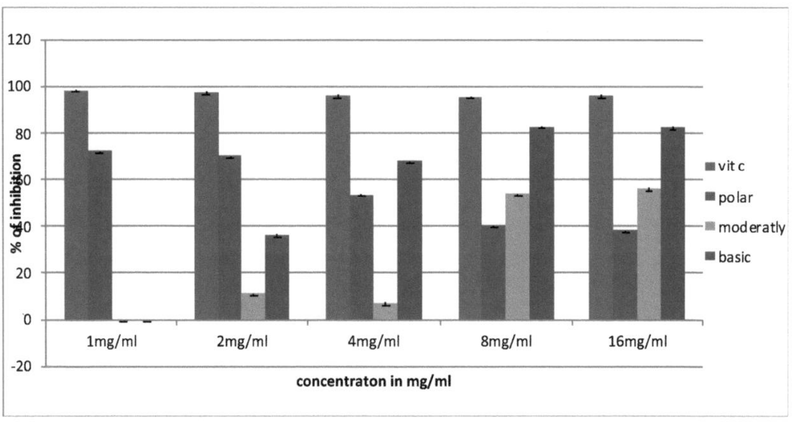

Fig:2 Quantificação da lecitina:

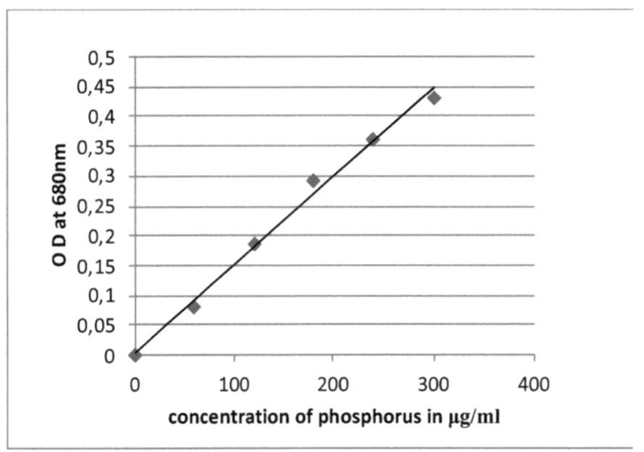

Fig:3.Quantificação da proteína:

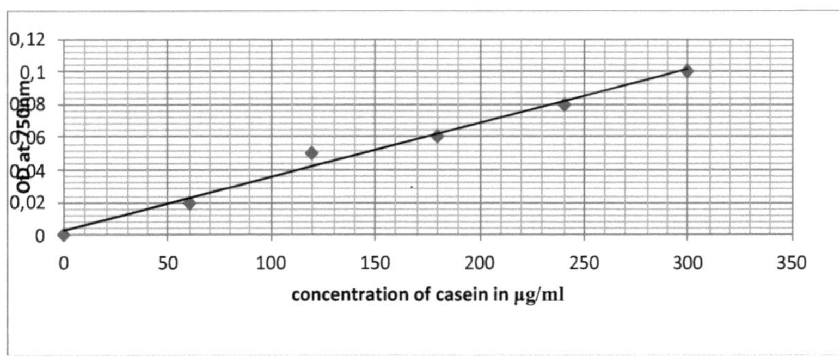

Fig 3:Efeito da temperatura na atividade da PLA2:

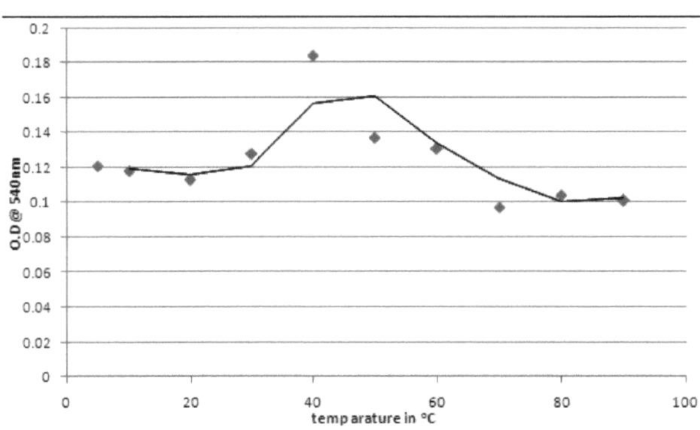

Fig 4: Efeito do pH na atividade da PLA2:

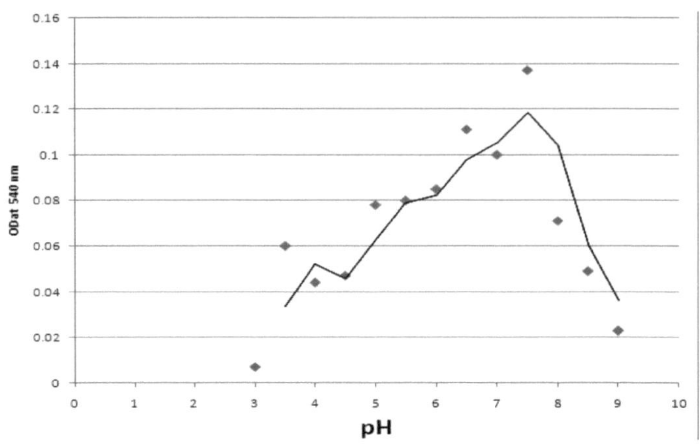

Quadro 3: PLA2atividade:

Amostras	% da atividade da PLA2
Controlo	100±0*
Extrato clorofórmico (amostra 1)	65.824±0.36*
Extrato metanólico (amostra2)	54.524±0.16*
Extrato clorofórmio-metanol (amostra 3)	86.674±0.63*

[P<0,05 em comparação com o controlo. Os valores são expressos como média±SD(n=3)]

Tabela 5: Atividade de inibição da PLA2:

Amostras	% da atividade da PLA2
Controlo	100±0*
Extrato clorofórmico (amostra 1)	34.196±0.34*
Extrato metanólico (amostra2)	55.06±0.24*
Extrato clorofórmio-metanol (amostra 3)	13.4±0.51*

Discussão

Na era atual, os recursos vegetais e herbáceos são abundantes, mas estes recursos estão a diminuir rapidamente devido à marcha da civilização (N.Gandhiraja, et.al, 2009). Embora tenham sido realizados estudos significativos para obter produtos químicos vegetais purificados, foram iniciados muito poucos programas de rastreio em materiais vegetais em bruto. Foi também amplamente observado e aceite que o valor medicinal das plantas reside nos compostos bioactivos presentes nas plantas. (N.Gandhiraja,et.al,2009). Os presentes estudos foram realizados para avaliar os vários fitocomponentes dos extractos de raiz de *Mimosa pudica*. Verificou-se que os extractos metanólico, clorofórmico e metanol-clorofórmico continham vários fitoconstituintes comuns, tais como alcalóides, flavonóides, fenólicos, taninos, glicosídeos, esteróides, etc. No presente trabalho, determinou-se que, entre os três extractos, o extrato de clorofórmio-metanol apresentava uma atividade antioxidante máxima. A observação do estudo atual confirma a utilização tradicional das raízes de Mimosa pudica nos danos oxidativos. Os antioxidantes ajudam a proteger o nosso corpo de doenças relacionadas com o stress, o poder dos antioxidantes pode retardar o processo de envelhecimento e prevenir doenças cardíacas. O ácido ascórbico é um antioxidante muito utilizado e ocorre naturalmente. No presente trabalho, a PLA2 foi isolada do pâncreas porcino, a fosfatidilcolina da gema de ovo (fonte rica em lecitina) e também se verificou que a atividade da PLA2 em extractos de raiz de Mimosa pudica. Os extractos de clorofórmio e metanol mostraram uma atividade máxima de PLA2 e o extrato metanólico mostrou ter uma ação inibidora máxima sobre a PLA2. À medida que a atividade aumenta, a inibição diminui, porque estes dois factores são inversamente proporcionais. A temperatura óptima da PLA2 (40◦C) e o pH ótimo (7,4) foram determinados no presente trabalho.

Conclusão

Com base nos presentes resultados e nos relatórios disponíveis, pode concluir-se que a atividade antioxidante se deve principalmente à presença de flavonóides nos extractos, uma vez que a capacidade antioxidante da maior parte das ervas se deve aos flavonóides, que estão bem estabelecidos. Os resultados do estudo mostraram uma atividade máxima de PLA2 nos extractos de clorofórmio-metanol. A atividade PLA2 da planta pode ser atribuída aos vários constituintes fitoquímicos presentes no extrato bruto. Pode concluir-se que as plantas tradicionais podem representar novas fontes de atividade antioxidante.

Bibliografia

1. N.Gandhiraja,S.Sriram,V.Meena, J.Kavitha Srilakshmi, C.Sasikumar e R.Rajeswari, Phytochemical Screening and Antimicrobial Activity of the Plant Extracts of Mimosa pudica L. Against Selected Microbes. PG Departamento de Biotecnologia, Nehru Memorial College (Autónomo), Puthanampatti-621 007, Tiruchirapalli Dt, Tamilnadu, Índia, Folhetos Etnobotânicos 13:618-24,2009. Emitido em 01 de maio de 2009.
2. G.Vinothapooshan e K.Sundar, Anti-ulcer activity of Mimosa pudica leaves against gastric ulcer in rats. Faculdade de Farmácia Arulmigu Kalasalingam, Krishnakil-626 190 Índia. Departamento de Biotecnologia, Universidade de Kalasalingam, Krishnakoil 626 190. Índia, outubro-dezembro de 2010.
3. Piyush Pandey, S.C.Kang e D.K.Maheshwari, Isolamento de Burkolderia sp.MSSP endofítica promotora do crescimento de plantas a partir de nódulos radiculares de Mimosa pudica.S.B.S(P.G.) Institute Of Biomedical Sciences and Research, Balawala, Dehradun 248 161, Índia. Divisões de Engenharia Alimentar, Biológica e Química, Faculdade de Engenharia, Universidade de Daegu, cidade de Gyeongsam, República da Coreia, 712-714. Departamento de Botânica e Microbiologia, Universidade de Gurukul Kangri, Hardwar 249 404, Índia. Current Science,vol.89,NO.1,10 JULHO 2005.
4. N.G.Sutar, U.N.Sutar, B.C.Behera, Atividade antidiabética das folhas de Mimosa pudica Linn em ratos albinos. Departamento de Farmacologia do Instituto de Farmácia Kanakamanjiri, Raukela, Orisa, S.N.D. College of Pharmacy Babulgaon, Tal-Yeola, Dist-Nashik. Jornal de Medicina Herbal e Toxicologia 3(1) 123-126(2009). Recebido -16 Dez-2008, Revisto-30 Dez,2008 Aceite-10 Jan,2009.

5. S.Meenatchisundaram, G.Parameswari, e A.Michael, Estudos sobre a atividade antiveneno de extractos de plantas de Andrographis paniculata e Aristolchia indica contra o veneno de Daboia russelli por métodos invivo e invitro. Departamento de Microbiologia, Faculdade de Artes e Ciências de Nehru, Faculdade de Artes e Ciências de PSG, Coimbatore, Índia, Ciência e Tecnologia Indianas, Volume 2, n.º 4 (março de 2009).
6. Victor A. Mairano, Silvana Marcussi, Maristela A.F.Daher, Clayton Z.Oliveria,Lucelio B.Couto, Odair A.Gomes, Suzelei C. Franca, andreimar M.Soares, Paulo S.Pereira. Propriedades antiofídicas do extrato aquoso de Mikania glomerata. Journal of Ethnopharmacology 102(2005) 364-370.
7. Jocivania O.da Silva , Juliana S.Coppede, Vanessa C.Fernandes, Carolina D.Sant Ana, Fabio K.Ticli, Mauricio V.mazzi, Jose R. Giglio, Paulo S. Pereira, Andreimar M. Soares, Suely V. Sampaio, Antihemorrágico , antinucleolítico e outras propriedades antiofídicas do extrato aquoso de Pentaclethra macroloba, Journal of Ethnopharmacology 100(2005) 145-152.
8. Liviu AL. Marghitas, Denzmirean , adela moise, Crustina M. Mihai Laura stan Laslo. DPPH method for Evaluation of Propolis antioxidant activity, Universidade de Ciências Agrárias e Medicina Veterinária, Faculdade de Zootecnia e Biotecnologia de Napoca, Roménia 66(1-2)/ 2009.
9. Kai Marxen , Klaus Heinrich Vanselow, Sebastian Lippermeir, Ralf hintze, Andreas Ruser e Ulf-Peter Hansen. Determinação da oxidação radical DPPH causada por extractos metanólicos de algumas espécies de microalgas por análise de regressão linear de medições espectrofotométricas, Sensors 2007, 7, 2080-2095.

10. Susana P. Racadio, Química/Física, Gloria V. Molina, Química MST, Rowena Tacla, Teste Fitoquímico e Microbiológico MST do Extrato de Folha de Makahiya (Mimosa pudica Linn), UNP Research Journal vol XVII ,2008.
11. Nazeema T.H and Brindha V, Antihepatotoxic and Antioxidant defence potential of Mimosa pudica, Department of Biochemistry, RVS College of Arts and Science, Coimbatore, Tamilnadu, India, International Journal of Drug Discovery, pp-01-04, 2009.
12. H.Usman e JC Osuji, Ensaio Fitoquímico e Antimicrobiano Invitro do Extrato de Folha de Newbouldia laevis, Departamento de Química, Universidade de Maiduguri, Nigéria, Afr J Tradit Complement Altern Med.2007;4(4): 476-480.
13. Rekha Rajendran, S. Hemalatha, K.Akasakalai, C.H. MadhuKrishna, Bavan Sohil, Vittal e R. Meenakshi Sundaram. Atividade hepatoprotectora das folhas de Mimosa pudica contra a toxicidade induzida pelo tetracloreto de carbono. Departamento de Farmacologia e Fitoquímica, M.S.A.J. Faculdade de Farmácia, Chennai, Tamilnadu, Índia. Jornal de Produtos Naturais Volume 2(2009).
14. Andreimar M. Soares, Fabio K. Ticli, Silvana Macussi, Miriam V. Lourenco, Ana Helena Janaurio, Suely, Jose R. Giglio, Bruno Lomonte e Paulo S.Pereira. Plantas Medicinais com Propriedades Inibitórias contra Venenos de Serpentes, Departamento de Analises Clnicas, Toxicologicas e bromatalogicas, Current Medical Chemistry, 2005, 12, 2625-2641.
15. P.Muthumani, R.Meera, P.Devi. L.V. SeshuKumar koduri, Sivaram Manavarthi, Badmanaban,R, Investigação fitoquímica e atividade inibidora de enzimas de Mimosa pudica Linn., Journal of Chemical and Pharmaceutical Research. 2010,2(5): 108-114.

16. Robert D. Allen, Mechanism of the Seismonastic Reaction in Mimosa pudica , Biophysics Department, University of California at Los Angeles, Los Angeles, California 90024, plant physiology (1969) 44, 1101-1107.
17. Millind Pande, anupam Pathak, Preliminary pharmacognostic evaluations and Phytochemical studies on roots of Mimosa pudica, NRI Institute of Pharmaceutical Sciences Bhopal(MP) Department of Pharmacy,Barkatullah University, Hoshangabad Road, Bhopal(MP) 462026, volume 1 Issue 1 March- April 2010; artigo 010.
18. S.Kannan , S.Aravinth vijay Jesuraj, E. Sam Jeeva Kumar, K.Saminathan, R. Suthakaran, M.Ravi Kumar e B. Parimala Devi, Wound healing activity of Mimosa pudica Linn formulation, Departamento de Farmacognosia e Fitoquímica, Faculdade de Farmácia Smt. Departamento de Biotecnologia, Geethnjali College of Pharmacy, Hyderbad, A.P. Índia, Departamento de Farmacognosia e Fitoquímica, Sastra University, Tanjavure, Tamilnadu, Índia.
19. Sawako Yamashiro, Kazuhisa Kameyama, Nobuyuki Kanzawa, Toru Tamiya, Issei Mabuchi, Takahide Tsuchiya, The Gelsolin/ Fragmin Family Protein identified in the higher Plant Mimosa pudica, Department of Chemistry, Faculty of Science and Technology, Sophia University, Chiyodu-ku, Tokyo 102-8554; Division of Biology, School of Arts and Sciences, The University of Tokyo, 3-8-1, Meguro- ku, Tokyo 153-8902; e Department of Cell Biology, national Institute for Basic Biology, Okazaki, Aichi 444-8585 15 de maio de 2001.
20. Kuldeep Singh, Ashok Kumar, Naresh Langyan e Munish Ahuja, Evaluation of Mimosa pudica Seed Mucilage as Sustained-Release Excipient, AAPS PharmaSci Tech, Vol 10, No 4, dezembro de 2009.

21. A.Akter, F.A. Neela, M.S.I. Khan, M.S.Islam e M.F. Alam, Screening of Ethanol, Petroleum Ether and Chloroform extracts of Medicinal plants, Lawsonia inermis L. and Mimosa pudica L. for Antibacterial Activity, Biotechnology and Microbiology Laboratory, Department of Botany, University of Rajshahi, Rajshahi-6205, Bangladesh, Indian Journal of Pharmaceutical Sciences, 2010.
22. Subramani Meenatchisundaram, Selvin Priyagrace, Ramasamy Vijayaraghavan, Ambikapathi Velmurugan, Govindarajan Parameswari e Antonysamy Michael, Atividade antitoxina dos extractos de raiz de Mimosa pudica contra os venenos de Naja naja e Bangarus caerulus, Departamento de Microbiologia, Nehru Arts and Science College, Coimbatore, Departamento de Microbiologia, PSG College of Arts and Science, Coimbatore, Índia, Bangladesh J Pharmacol 2009; 4: 105-109.
23. Jelo Paul, Saifulla Khan, Syed Mohammed Basheeruddin Asaq, Departamento de Farmacognosia, Faculdade de Farmácia de Krupanidhi, Bangalore-560 035, Índia, Avaliação da cicatrização de feridas com extractos clorofórmicos e metanólicos de raízes de Mimosa pudica em ratos, International Journal of Biological and Medical Research, 2010;1(4): 223-227.
24. Jun Takasaki,1 Yasushi Kawauchi e Yasuhiko Masuho, Synergistic Effect of Type II Phospholipase A2 and Platelet-Activating Fator on Mac-1 Surface Expression and Exocytosis of Gelatinase Granules in Human Neutrophils:Evidence for the 5-Lipoxygenase-Dependent Mechanism, Journal of Immunology, 26 de março de 2001.
25. Gopal C. Kunder and Anil B.Mukerjee, Evidence that porcine pancreatic PLA2 Via Its high Affinity Recetor stimulates Extracellular Matrix Invasion by Normal and Cancer Cells, National Institute of Betherda, Maryland 20892-1830, volume 72, No.4, 1996.

26. Glenn, Dorsam, Lesley, Harris, Mercedes, Payne, Michelle Fry e Richard Franson CLIN. CHEM. 41/6, 862-866(1995), Development and use of ELISA to Quantify Type II PLA2 is Normal and Uremic Serum.

27. R. Manjunatha Kini e Herbert J. . Structure and Function Relationships of Phospholipases the anticoagulant region of phospholipases A(Recebido para publicação em 26 de março de 1987) $From the Department *of* Biochemistry, Medical College of Virginia, Virginia Commonwealth University. Evans the journalof biologicachle mistry *0* 1987 by The American Society for Biochemistry and Molecular Biology, Inc Vol. 262, No. 30, Issue of Octobe 25. pp. 14402-14407,1987 *Printed in U.S.A.* Richmond, Virginia 23298.

28. Charbel Massaad, Michel Paradon, Claire Jacques, Colette Salvat, Gilbert Bereziat, FrancisBerenbaum, and Jean-Luc Olivier ,Induction of Secreted Type IIA Phospholipase A2 Gene Transcription by Interleukin-1b role of c/ebp factors, Recebido para publicação, 15 de fevereiro de 2000, e em forma revista, 26 de abril de 2000 Publicado, JBC Papers in Press, 1 de maio de 2000, DOI 10.1074/jbc.M001250200 ,*De UPRES-A CNRS 7079, UFR Saint Antoine, UPRES-A CNRS 7079, Universite' Pierre et Marie Curie, 7 quai Saint.*

29. W. Bret Church¶, Adam S. Inglis, Albert Tseng_, Ray Duell, Pei-Wen Lei, Katherine J. Bryant, e Kieran F. Scott, Uma nova abordagem para a conceção de inibidores da fosfolipase A2 secretada humana com base na inibição de péptidos nativos Recebido para publicação, 8 de fevereiro de 2001, e na forma revista, 20 de maio de 2001 Publicado, JBC Papers in Press, 26 de junho de 2001, DOI

10.1074/jbc.M101272200 ,*Programa de Investigação sobre Artrite e Inflamação, Instituto Garvan de Investigação Médica e Departamento de Medicina, Universidade de Nova Gales do Sul, St. Vincent's Hospital, Sydney, Nova Gales do Sul 2010, Austrália.*

30. Piyush Pandey,S.C.Kang and D.K.Maheshwari,S.B.S.(P.G.)Institute of Biochemical Sciences and Research,Balawala,Dehradun 248 161,India.Department of Botany and Microbiology,Gurukul Kangri University,Haridwar 249 404,India.CURRENT SCIENCE, VOL 89, No 1,10 July 2005.
31. N.Gandhiraja,S.Sriram,V.Meenaa,J.Kavitha Srilakshmi,C.Sasikumar e R.Rajeswari.PG Departamento de Biotecnologia, Nehru Memorial College(Autónomo),Puthanampatti-621 007,Tiruchirapalli Dt,Tamilnadu,Índia, Ethnobotanical Leaflets 13:618-24, 2009.
32. N.G.Sutar,U.N.Sutar,B.C.Behera.Department of Pharmacognosy Kanakmanjiri Institute of pharmacy,Raurkela,Orisa, S.N.D. College of Pharmacy Babhulgaon,Tal-Yeola,Dist-Nashik, Journal of Herbal medicine and Toxicology 3(1) 123-126(2009).
33. G.Vinothapooshan e K.Sundar.Arulmigu Kalasalingam College of Pharmacy,Krishnankoil-626 190,Índia.Departamento de Biotecnologia,kalasalingam university,Krishnankoil-626 190,Índia, outubro-dezembro, 2010.
34. Carl Wilhelm Vogel ,Andreas Pluckthun, Hans J. Muller Eberhard, Edward A. Dennis, Hemolytic Assay for Venom PLA2 , Department of Molecular Immunology Research Institute of Scripps Clinic, La Jolla, California 92037, Department of Chemistry, University of California at San Diego, La Jolla, California,92093, Analytical Biochemistry 118, 262-268(1981).

35. Miguel Paya', M. Carmen Terencio, M. Luisa Ferrandiz & 'M. Jose Alcaraz, Involvement of secretory phospholipase A2 in the zymosan rat air pouch model of inflammation,Departamento de Farmacologia, Universidad de Valencia, Facultad de Farmacia, Avda; Vicent Andres Estelles s/n, 46100 Burjassot, Valencia, Spain, Journal of British Pharmacology (1996) 117, 1773-1779.

36. Saskia Kuipers , Piet C. Aerts a,b, Anders G. Sjo¨holm c, Theo Harmsen a, Hans van Dijk a ,A hemolytic assay for the estimation of functional mannose-binding lectin levels in human serum aEijkman-Winkler Center for Microbiology, Infectious Diseases, and Inflammation, University Medical Center Utrecht G04.614,Heidelberglaan 100, 3584 CX Utrecht, Países Baixos bDepartment of Pediatric Infectious Diseases, Wilhelmina Children's Hospital, University Medical Center Utrecht, Utrecht, Países Baixos cInstitute of Laboratory Medicine, Section for Microbiology, Immunology, and Glycobiology, Lund University, Lund 2100, Suécia Recebido em 7 de dezembro de 2001; recebido sob forma revista em 13 de maio de 2002; aceite em 23 de maio de 2002. Journal of Immunological Methods 218 (2002) , 149-157.

37. Abir Ben Bacha†, Aida Karray†, Emna Bouchaala, Youssef Gargouri, Yassine Ben Ali , Ostrich pancreatic phospholipase A 2:Purificação e caraterização bioquímica da fosfolipase A2 pancreática da arraia comum Dasyatis pastinaca, Bacha et al. Lipids in Health and Disease 2011, 10:32 ,http://www.lipidworld.com/content/10/1/32.

38. G'erard Lambeau1 e Michael H. Gelb2 Biochemistry and Physiology of Mammalian Secreted Phospholipases A2 1Institut de

Pharmacologie Mol'eculaire et Cellulaire, Centre National de la Recherche Scientifique, Universit'e de Nice-Sophia-Antipolis, 06560 Valbonne, France; email: lambeau@ipmc.cnrs.fr 2Departments of Chemistry and Biochemistry, University ofWashington, Seattle, Washington 98195; email: gelb@chem.washington.edu.

39. Marcelo L. Santos 1, Daniela O. Toyama 2, Simone C. B. Oliveira 3, Camila A. Cotrim 3,Eduardo B. S. Diz-Filho 3, Fábio H. R. Fagundes 3, Veronica C. G. Soares 3, Ricardo Aparicio 1 e Marcos H. Toyama 4,Modulação das Atividades Farmacológicas da Fosfolipase A2 Secretora de *Crotalus durissus cascavella* Induzida por Naringina, *Molecules* 2011, *16*, 738-761; doi:10.3390/molecules16010738.

40. Christian I ,Peter J. VAN DOREN, Frans E. **A.** M. VERHEUL, and Gerard H. DE HAAS, Isolation and Properties of Prophospholipase A2 from Ox and Sheep Pancreas, Biochemical Laboratory. State University of Utrecht ,(Recebido em 8 de novembro de 1974i ***6*** de janeiro de 1975).

41. Gargi Maity e Debasish Bhattacharyya , Assay of snake venom phospholipase A2 using scattering mode of a spectrofluorimeter, Indian Institute of Chemical Biology, 4 Raja S.C. Mullick Road, Jadavpur, Kolkata 700 032, India, CURRENT SCIENCE, VOL. 89, NO. 6, 25 DE SETEMBRO DE 2005.

42. Arkhom Sai-Ngam a, Sawatdirak Phongtananant a, Issarang Nuchprayoon , Phospholipase A2 genes and their expressions in Thai Russell's viper venom glands, a Snake bite and venom research unit, Chula Medical Research Center, Faculty of Medicine, Chula Medical Research Center, Faculty of Medicine, Chulalongkorn University,

Rama IV Road, Patumwan district, Bangkok 10330, Tailândia, Department of Pediatrics, Faculty of Medicine, Chulalongkorn University, Rama IV Road, Patumwan district, Bangkok 10330, Tailândia, Toxicon 52 (2008) 395-399.

43.Gilles Nalbone, Monique Charbonnier-Augeire, Huguette Lafont, Renk Grataroli, Jean-Louis Vigne, Denis Lairon, Christiane Chabert, Jeannie Leonardi, Jacques C. Hauton, and Robert Verger', Adsorption of pancreatic (pro)phospholipase A2 to various physiological substrates, IN Journal of Lipid Research Volume 24, 1983SERM-U 130, Unit6 de Recherches sur le Transport des Lipides, 10, avenue Viton,13009 Marseille, France, Journal of Lipid Research Volume 24, 1983.

ÍNDICE DE CONTEÚDOS

Printed by Books on Demand GmbH, Norderstedt / Germany